线性整数规划理论与方法

陈仕军　著

北京工业大学出版社

图书在版编目（CIP）数据

线性整数规划理论与方法 / 陈仕军著. — 北京 ：
北京工业大学出版社，2022.1
ISBN 978-7-5639-8266-0

Ⅰ. 9 ①线… Ⅱ. ①陈… Ⅲ. ①线性一整数规划 Ⅳ.
① O221.4

中国版本图书馆 CIP 数据核字（2022）第 026803 号

线性整数规划理论与方法

XIANXING ZHENGSHU GUIHUA LILUN YU FANGFA

著　　者：陈仕军
责任编辑：张　娇
封面设计：知更壹点
出版发行：北京工业大学出版社
（北京市朝阳区平乐园 100 号　邮编：100124）
010-67391722（传真）　bgdcbs@sina.com
经销单位：全国各地新华书店
承印单位：三河市腾飞印务有限公司
开　　本：710 毫米 ×1000 毫米　1/16
印　　张：13
字　　数：260 千字
版　　次：2023 年 4 月第 1 版
印　　次：2023 年 4 月第 1 次印刷
标准书号：ISBN 978-7-5639-8266-0
定　　价：68.00 元

作者简介

陈仕军，男，1980年2月出生，湖北保康人，理学博士，现为湖北文理学院数学与统计学院讲师。主要从事组合最优化问题的建模与算法研究，主持完成国家级、省级项目两项，在国内外学术期刊上发表论文10多篇。

前　言

在经济管理、工农业生产、交通运输等经济活动中，提高经济效益是人们追寻的目标。而提高经济效益一般需要通过两种途径：一种是技术方面的进步，如改善生产工艺，使用新型原材料和先进设备；另一种是生产计划与组织的改进，即合理安排人力、物力、财力等资源。在一定条件下，如何合理安排人力、物力、财力等资源，使经济效益达到最好，便形成了运筹学的一个重要分支——数学规划。线性规划是数学规划的一个重要分支，要求变量取整数的线性规划，称为线性整数规划。线性规划所研究的内容包括求满足约束条件的最优目标、求目标是变量的线性函数、求约束是变量的相等或不等表达式。

线性规划是运筹学中研究较早、发展较快、应用广泛、方法较成熟的一个重要分支，是辅助人们进行科学管理的一种数学方法，是研究约束条件下线性目标函数极值问题的数学理论和方法。它广泛应用于军事作战、经济分析、经营管理和工程技术等领域。线性规划在日常生活和数学理论中的应用都十分广泛。日常生活中，人们可以运用线性规划知识获得最大利润、最大利益；数学理论中，可以运用线性规划知识求最值。本书首先阐述了线性规划的具体方法，如割平面法、正则形方法、单纯形方法，然后对对偶规划、矩阵对策、决策论、运输问题的特殊解法进行了研究，最后对线性规划的应用作了探索。

由于作者水平有限，加之时间仓促，书中难免存在不足之处，恳请广大读者批评指正。

目　录

第一章　线性规划概要

第一节　线性规划模型及图解法

一、线性规划模型

最优化理论和方法在现代经济管理中有着重要的地位，如微观经济学中研究消费者理论，是要解决消费者的效用最大化和费用最小化问题；研究厂商理论，是要解决厂商的利润极大化和成本极小化问题，即研究消费者和厂商如何运用有限的资金、资源去争取最大效用、利润，或者为达到一定目标，如何让自己的花费、成本降到最低，这些都可以归结为最优化问题来处理。线性规划就是利用数学方法解决最优化问题的重要工具之一，它能够解决微积分不能解决的、在实际中更为广泛存在的最优化问题。

线性规划，顾名思义是解决线性方面的最优化问题，即变量为一次的表示式，如 $-x_1+3x_2-7x_3$ 为线性的，而 $x_1x_2+2x_3+4x_4$ 及 $x_1^2+3x_2$ 均为二次表示式，凡含变量为二次或三次以上的式子，均属非线性的。

所谓线性函数用数学公式定义，凡是满足下列条件的函数称为线性函数，否则称为非线性函数：

①$f(kx)=kf(x)$；

②$f(x_1+x_2)=f(x_1)+f(x_2)$

例如，$f(x_1,x_2)=\dfrac{x_1^3+x_2^3}{x_1^2+x_2^2}$，虽然满足式①，但不满足式②，故仍属非线性函数。

（一）线性规划问题的实例

例题 1-1：消费者效用最大化。

某人有资金 3 万元，现有 4 种投资机会：每年年初投资，年底收回本金加利息（本金的 20%），但该项投资金额不得超过 2 万元；第一年年初投资，第二年年底收回本金加利息（本金的 50%）；第二年年初投资，第三年年底收回本金加利息（本金的 60%），但该项投资金额不得超过 1.5 万元；第三年年初投资，第三年年底收回本金加利息（本金的 40%），但该项投资金额不得超过 1 万元。

问：应如何制订一个投资计划，使第三年年底本金、利息之和最大?

解：设 x_{ij} 表示第 i 年年初采用第 j 种投资机会的投资金额（i=1，2，3；j=1，2，3，4），则有下列情况：

第一年年初，资金不宜闲置，故有投资于 $x_{11}+x_{12}=3$，且 $x_{11}\leqslant 2$。

第二年年初（即第一年年底），可收回资金 $1.2x_{11}$，即可利用再投资的资金，其余尚未到期收回，故有投资于 $x_{21}+x_{23}=1.2x_{11}$，且 $x_{23}\leqslant 1.5$。

第三年年初（即第二年年底），可收回利用资金 $=1.2x_{21}+1.5x_{12}$，故有投资于 $x_{31}+x_{34}=1.2x_{21}+1.5x_{12}$，且 $x_{34}\leqslant 1$。

第三年年底，可收回资金（本金 + 利息）$1.2x_{31}+1.6x_{23}+1.4x_{34}$，目标应该是使 $1.2x_{31}+1.6x_{23}+1.4x_{34}$ 最大，并且投资于各种机会的投资金额 $x_{ij}\geqslant 0$，为此这个问题可用线性规划模型表示为

$$LP\ \max Z=1.2x_{31}+1.6x_{23}+1.4x_{34}$$

$$\text{s.t.}\begin{cases}x_{11}+x_{12}=3\\x_{21}+x_{23}-1.2x_{11}=0\\x_{31}+x_{34}-1.2x_{21}-1.5x_{12}=0\\x_{12}\leqslant 2\\x_{23}\leqslant 1.5\\x_{34}\leqslant 1\\x_{ij}\geqslant 0\quad(i=1,2,3;\ j=1,2,3,4)\end{cases}$$

例题 1-2：厂商成本最小化。

某河流附近有两个化工厂，如图 1-1 所示，流经化工厂 Ⅰ 的河水流量为每天 500 万 m^3，在两厂之间有一条流量为 200 万 m^3 的支流。

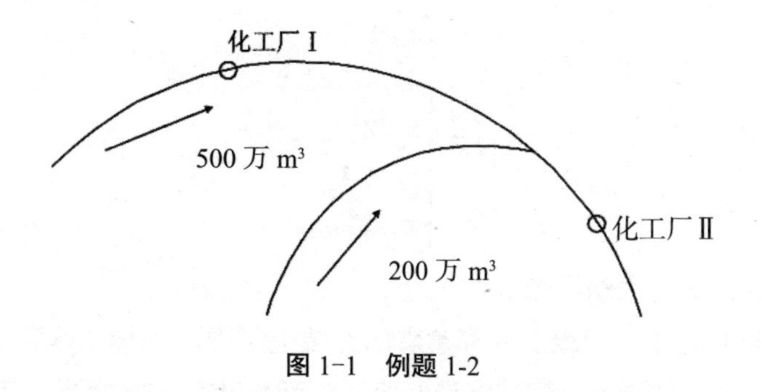

图 1-1　例题 1-2

化工厂 I 每天排放含有某种有害物质的工业污水 2 万 m³，化工厂 II 每天排放这种工业污水 1.4 万 m³。但是，从化工厂 I 排出的工业污水流到化工厂 II 之前有 20% 可以自然净化。根据环保部门要求，河流中工业污水的含量应不大于 0.2%，这两个厂都需要各自处理一部分工业污水。化工厂 I 厂处理工业污水的成本是 1000 元 / 万 m³，化工厂 II 处理工业污水的成本是 800 元 / 万 m³。

问：在满足环保要求的前提下，两厂各应处理多少工业污水，使得处理工业污水所花总费用最小？

分析：如果能把所有工业污水处理掉，这当然好，但厂商要付出高额资金，这些代价均要计入产品成本，随之产品价格升高，势必影响企业市场竞争，但不处理工业污水，就会造成河水严重污染，有极坏的负面社会效应，环保部门会严令禁止。

解：设化工厂 I 每天处理工业污水 x_1 万 m³，化工厂 II 每天处理工业污水 x_2 万 m³。

要达到环保部门要求，化工厂 I 每天处理的污水量 x_1 需要满足约束条件：$\frac{2-x_1}{500}\leqslant\frac{2}{1000}$；化工厂 II 每天处理的工业污水量 x_2 应满足约束条件：$\frac{0.8(2-x_1)}{500+200}+\frac{1.4-x_2}{500+200}\leqslant\frac{2}{1000}$，又因各厂每天处理的工业污水量不能为负值，故还需要受到可行性限制条件的约束：$x_1\geqslant 0, x_2\geqslant 0$。

这样，在满足上述条件下，使两化工厂治理工业污水所花总费用 $1000x_1+800x_2$ 达到最小。

上述问题，若用线性规划数学模型表示，则为

$$LP\quad \min W = 1000x_1 + 800x_2$$

$$\text{s.t.}\begin{cases}x_1\geqslant 1\\4x_1+5x_2\geqslant 8\\x_1\leqslant 2\\x_2\leqslant 1.4\\x_1,x_2\geqslant 0\end{cases}$$

例题 1-3：最优策略问题。

二人Ⅰ和Ⅱ决斗，相距 7 m 都拿着已经装上子弹的手枪，然后面对面走近，决定是否打出唯一的子弹。假若有谁开枪了，可是没有打中对手，而为了保全名誉和遵循决斗规划，他仍应接着向前走。在二人相距 7 m 远时，Ⅰ击中Ⅱ的概率是 0.2，Ⅱ击中Ⅰ的概率是 0.5；在二人相距 5 m 远时，Ⅰ击中Ⅱ的概率是 0.8，而Ⅱ击中Ⅰ的概率是 0.75；在二人相距 3 m 远时，Ⅰ击中Ⅱ的概率是 1，Ⅱ击中Ⅰ的概率也是 1。如果Ⅰ活着，而Ⅱ被击中，Ⅰ的赢得是 +1；如果Ⅱ活着而Ⅰ被击中，则Ⅰ的赢得为 -1，其他结局Ⅰ的赢得为 0。假设决斗时，双方使用无声手枪（即决斗者不知道对方是否已射击）。

问：二人在什么位置开枪才会对自己最有利?

解：构造矩阵对策模型：

$$G=\left\{S_{\mathrm{I}}^{*},S_{\mathrm{II}}^{*};\boldsymbol{A}\right\}$$

式中，$S_{\mathrm{I}}^{*}=\left(\alpha_1,\alpha_2,\alpha_3\right)$，$S_{\mathrm{II}}^{*}=\left(\beta_1,\beta_2,\beta_3\right)$。

α_1，β_1 表示局中人Ⅰ与Ⅱ在相距 7 m 远时射击。

α_2，β_2 表示局中人Ⅰ与Ⅱ在相距 5 m 远时，若对方已射击则便走到相距 3 m 远时射击，若对方未射击则在 5 m 远时射击。

α_3，β_3 表示局中人Ⅰ与Ⅱ在相距 3 m 远时才射击。

局中人Ⅰ与Ⅱ的距离示意图如图 1-2 所示。

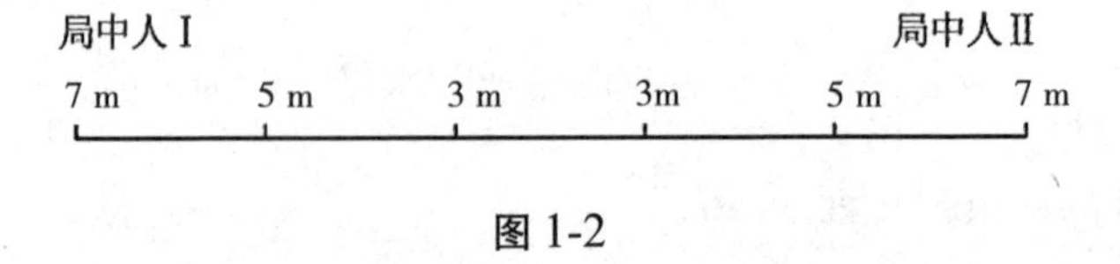

图 1-2

若 α_1，β_1，即局中人Ⅰ与Ⅱ均在 7 m 处。如果二人均开枪，Ⅰ被击中的概率是 0.5，Ⅱ被击中的概率是 0.2，则 $a_{11}=0.2+(-0.5)=-0.3$。

若 α_1，β_2，即局中人Ⅰ在 7 m 处开枪、局中人Ⅱ走到 5 m 处。能走到 5 m 处，意味着局中人Ⅰ开枪并未击中局中人Ⅱ，即局中人Ⅱ能走到 5 m 处的概率为 0.8，

则 $a_{12}=0.2+(-0.75)\times 0.8=-0.4$ 。

若 α_1，β_3，即局中人Ⅰ在 7 m 处开枪，局中人Ⅱ能走到 3 m 处，表示未被局中人Ⅰ击中。局中人Ⅱ能走到 5 m 处的概率为 0.8，再走到 3 m 处的概率为 1（局中人Ⅰ仅一发子弹），则 $a_{13}=0.2+(-0.8\times 1)\times 1=-0.6$。

若 α_2，β_1，即局中人Ⅰ在 5 m 处开枪。若Ⅰ能走到 5 m 处，必然未被局中人Ⅱ在 7 m 处开枪击中，故局中人Ⅰ能走到 5 m 处的概率为 0.5，则 $a_{21}=0.5\times 0.8+(-0.5)=-0.1$ 。

若 α_2，β_2，即局中人Ⅰ与Ⅱ均能走到 5 m 处开枪，则说明局中人Ⅰ与Ⅱ在 7 m 处均未开枪（肯定），则 $a_{22}=0.8+(-0.75)=0.05$ 。

若 α_2，β_3，即局中人Ⅰ在 7 m 处未被击中且在 7 m 处未开枪，局中人Ⅱ能走到 3 m 处开枪，说明在 7 m 处未被击中（Ⅰ在 7 m 处未开枪），故顺利走到 5 m 处。局中人Ⅱ能走到 5 m 处的概率为 1，但在向 3 m 处走时，说明未被击中（但Ⅰ在 5 m 处有开枪可能），则局中人Ⅱ能走到 3 m 处的概率为 $0.2\times 1=0.2$，则 $a_{23}=0.8+(-0.2)\times 1=0.6$ 。

若 α_3，β_1，即表示局中人Ⅱ在 7 m 处开枪未击中局中人Ⅰ（概率为 0.5），所以局中人Ⅰ才有可能走到 5 m、3 m 处开枪，则 $a_{31}=1\times 0.5+\times(-0.5)=0$。

若 α_3，β_2，即表示局中人Ⅰ，Ⅱ在 7 m 处均未开枪。走到 5 m 处，局中人Ⅱ在 5 m 处开枪未击中局中人Ⅰ（概率为 0.25），所以局中人Ⅰ才有可能走到 3 m 处开枪，则 $a_{32}=1\times 0.25+(-0.75)=-0.5$。

若 α_3，β_3，即表示局中人Ⅰ，Ⅱ在 7 m、5 m 处均未开枪，走到 3 m 处才同时开枪，则 $a_{33}=1+(-1)=0$。

故局中人Ⅰ的赢得矩阵：

$$\boldsymbol{A}=\begin{pmatrix} -0.3 & -0.4 & -0.6 \\ -0.1 & 0.05 & 0.6 \\ 0 & -0.5 & 0 \end{pmatrix}$$

这样一个矩阵对策问题的求解，要用到两个线性规划模型，如表 1-1 所示。

表 1–1　例题 1–3 的线性性规划模型

局中人Ⅰ	局中人Ⅱ
$LP\quad \max Z=V$	$LP\quad \min W=V$

续表

局中人Ⅰ	局中人Ⅱ
$\text{s. t.}\begin{cases}0.9x_2+x_3\geqslant V\\1.05x_2+0.5x_3\geqslant V\\x_2+x_3=1\\x_2,x_3\geqslant 0\end{cases}$	$\text{s.t.}\begin{cases}0.9y_1+1.05y_2\leqslant V\\y_1+0.5y_2\leqslant V\\y_1+y_2=1\\y_1,y_2\geqslant 0\end{cases}$

其中：V 为矩阵对策模型 $G=\left\langle S_{\mathrm{I}}^{*},S_{\mathrm{II}}^{*};\boldsymbol{A}\right\rangle$ 的值。

（二）线性规划模型的性质及形式

线性规划的应用范围非常广泛，但由上面简单实例可知线性规划模型具有下列性质。

1. 目标确定

如前面的例中欲求最大效益或求最小成本，并且目标可用一个函数表示，在线性规划中称其为目标函数，且此函数必为线性函数，目标函数的通式可表示为

$$\max/\min f(\boldsymbol{X})=c_1x_1+c_2x_2+\cdots+c_nx_n$$

式中，x_j（j=1, 2, ⋯, n）——变数，称为决策变量；

$\left\{x_j\right\}$——一组在问题中要确定其值的未知量；

c_j（j=1, 2, ⋯, n）——常数，且已知，称为价值系数，其值可正可负。

可以证明目标函数 $f(\boldsymbol{X})=\sum\limits_{j=1}^{n}c_jx_j=c_1x_1+c_2x_2+\cdots+c_nx_n$ 必为线性。

令 $\boldsymbol{X}=\left(x_1,x_2,\cdots,x_n\right)$，因为

$$\begin{aligned}f(k\boldsymbol{X})&=\sum_{j=1}^{n}c_j\left(kx_j\right)\\&=c_1\left(kx_1\right)+c_2\left(kx_2\right)+\cdots+c_n\left(kx_n\right)\\&=k\left(c_1x_1+c_2x_2+\cdots+c_nx_n\right)=k\,f(\boldsymbol{X})\end{aligned}$$

又令 $\boldsymbol{X}_1=\left(x_{11},x_{12},\cdots,x_{1n}\right);\boldsymbol{X}_2=\left(x_{21},x_{22},\cdots,x_{2n}\right)$，则

$$f\left(\boldsymbol{X}_1\right)=c_1x_{11}+c_2x_{12}+\cdots+c_nx_{1n}$$

$$f(\boldsymbol{X}_2)=c_1x_{21}+c_2x_{22}+\cdots+c_nx_{2n}$$

则

$$f(\boldsymbol{X}_1+\boldsymbol{X}_2)=\sum_{j=1}^{n}c_j(x_{1j}+x_{2j})=c_1(x_{11}+x_{21})+c_2(x_{12}+x_{22})+\cdots+c_n(x_{1n}+x_{2n})$$

$$=(c_1x_{11}+c_2x_{12}+\cdots+c_nx_{1n})+(c_1x_{21}+c_2x_{22}+\cdots+c_nx_{2n})$$

$$=f(\boldsymbol{X}_1)+f(\boldsymbol{X}_2)$$

由此可知，目标函数的通式必为线性的。

2. 一组线性的约束条件

决策变量 $x_j(j=1,2,\cdots,n)$ 取值时必须满足的限制条件，称为约束条件，在线性规划模型中一组约束条件的一般通式为

$$\begin{cases}a_{11}x_1+a_{12}x_2+\cdots+a_{1n}x_n\leqslant b_1\\ a_{21}x_1+a_{22}x_2+\cdots+a_{2n}x_n\leqslant b_2\\ \cdots\cdots\\ a_{m1}x_1+a_{m2}x_2+\cdots+a_{mn}x_n\leqslant b_m\end{cases}$$

式中，a_{ij}（i=1，2，…，m；j=1，2，…，n）——技术系数，是常数系数；

b_i（i=1，2，…，m）——资源数量，是常数，二者均可正可负。

m 个线性的限制条件称为结构限制条件。当所有 a_{ij} 和 b_i（i=1，2，…，m；j=1，2，…，n）均为已知数时，容易证明 m 个约束条件都是线性的。

但应注意 m 个约束条件中每一个线性式都必须具有独立的性质，如 $2x_1+3x_2\leqslant 6$ 和 $4x_1+6x_2\leqslant 12$ 两个约束条件可以归并成一个线性式，即仅表示一个约束条件。

3. 变数为非负

所有的决策变量 x_j 或 x_{ij}（i=1，2，…，m；j=1，2，…，n）取值均必须为正数或零时，则称为非负性限制条件，其通式为

$$x_1,x_2,\cdots,x_n\geqslant 0\quad 或\quad x_{ij}\geqslant 0,\ i=1,2,\cdots,m;\ j=1,2,\cdots,n$$

但应注意，在有的具体问题中，对这一条件没有要求，或部分决策变量对其没有要求。

综上所述，线性规划模型的通式为

$$LP\quad \max/\min Z=c_1x_1+c_2x_2+\cdots+c_nx$$

$$
\text{s. t.} \begin{cases} a_{11}x_1 + a_{12}x_2 + \cdots + a_{1n}x_n \leqslant b_1 \\ a_{21}x_1 + a_{22}x_2 + \cdots + a_{2n}x_n \leqslant b_2 \\ \cdots\cdots \\ a_{m1}x_1 + a_{m2}x_2 + \cdots + a_{mn}x_n \leqslant b_m \\ x_1, x_2, \cdots, x_n \geqslant 0 \end{cases}
$$

对线性规划模型的通式，现进行如下说明：

①对上述通式，若在结构限制条件的线性式两边同乘以 -1，则“≤”可变为“≥”，因此上述形式，仅表示线性规划模型的一般通式。

②目标函数或结构限制条件中，无论变数 x_j 如何变大或变小，仍属线性，即在目标函数或结构限制条件的各式之间，仅允许数乘 $kf(x)$ 和加法 $f(x_1)+f(x_2)$ 两种线性运算。

③结构限制条件的 m 个线性式可能相互矛盾，故线性规划模型可因此无解，也可能符合结构限制条件的某个变数或多个变数的值趋于无穷大或无穷小，则目标函数值亦随之无穷大或无穷小。特别是当 a_{ij} 和 b_j（$i=1,2,\cdots,m$；$j=1,2,\cdots,n$）均为正数且目标函数为求极小值时，所有决策变量 x_j（$j=1, 2, \cdots, n$）均取零。此时，虽然线性规划模型有解，却失去实际意义。

④实际问题中列出线性规划模型通式前必须先确定目标函数，对于价值系数（c_j）、技术系数（a_{ij}）和资源数量（b_j），有时取得这些数值容易，但在有些场合欲取得这些数值颇费时力。

二、线性规划的图解法

为了对线性规划问题有一个直观的理解，为了体会解线性规划问题的本质，给出线性规划的图解法，图解法针对的是含有两个或三个变量的简单线性规划问题。

（一）预备知识

1. 半平面

方程 $ax_1+bx_2=c$ 在平面直角坐标系中所表示的几何图形是一条直线，而不等式 $ax_1+bx_2 \leqslant c$ 决定了平面直角坐标系中的一个半平面，如图 1-3 所示。

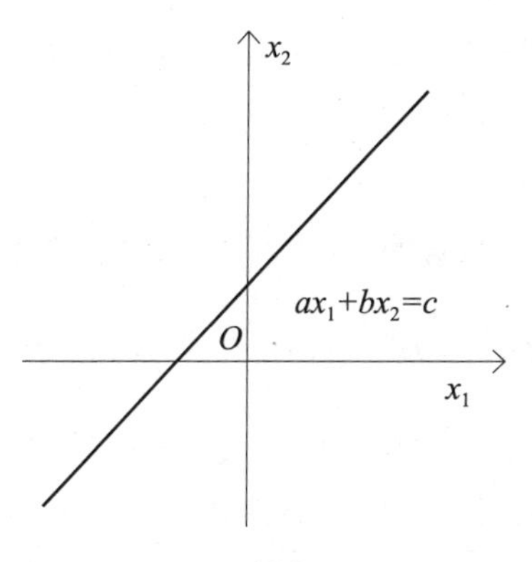

图 1-3　直线 $ax_1+bx_2=c$

同样，$ax_1+bx_2+cx_3=d$ 在空间直角坐标系中所表示的几何图形是一个平面，而 $ax_1+bx_2+cx_3 \leqslant d$ 决定了空间直角坐标系中的一个半平面，如图 1-4 所示。

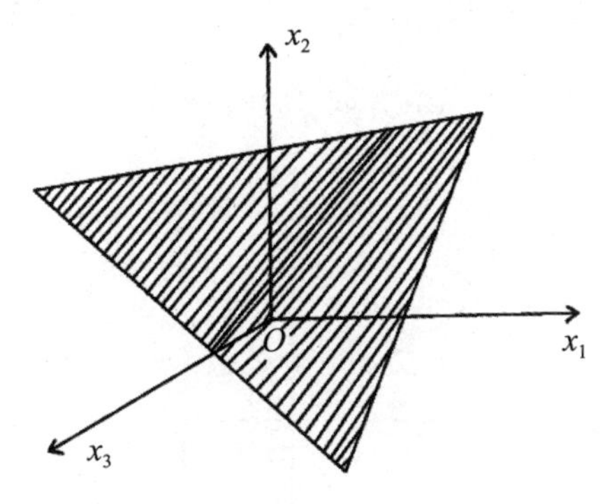

图 1-4　半平面 $ax_1+bx_2+cx_3 \leqslant d$

如何确定由 $ax_1+bx_2 \leqslant c$ 决定的半平面，即先在平面直角坐标系上作出直线 $ax_1+bx_2=c$，然后在坐标平面上任意选一点（s，t），代入 $ax_1+bx_2 \leqslant c$ 中。若满足 $as+bt \leqslant c$，则 $ax_1+bx_2 \leqslant c$ 所确定的半平面在点（s，t）所在一侧，否则在另一侧。为了方便，一般选择（0，0）点判断。当然，要求点（0，0）不在直线 $ax_1+bx_2=c$ 上。

2. 梯度

设线性规划问题的目标函数 $Z=f\left(x_1,x_2\right)=c_1x_1+c_2x_2$，则满足 $c_1x_1+c_2x_2=Z$ 的所有点 $\left(x_i,x_j\right)$，其函数值均相等，因此称 $c_1x_1+c_2x_2=Z$ 为等值线。当 Z 取不同值时，可得一族平行移动的等值线。

如何确定等值线 $Z=f(x_1,x_2)=c_1x_1+c_2x_2$ 函数值的增加方向，即目标函数值的增大方向。即求目标函数 $Z=f(x_1,x_2)$ 的梯度：$\nabla f(x_1,x_2)=\left(\frac{\partial f(x_1,x_2)}{\partial x_1},\ \frac{\partial f(x_1,x_2)}{\partial x_2}\right)$，由坐标原点（0，0）为起点，以 $C\left(\frac{\partial f(x_1,x_2)}{\partial x_1},\frac{\partial f(x_1,x_2)}{\partial x_2}\right)$ 为终点作一矢量 $\overrightarrow{OC}$，则 $\overrightarrow{OC}$ 即为等值线 $Z=c_1x_1+c_2x_2$ 的法矢量。当等值线 Z 沿着 $\overrightarrow{OC}$ 的方向平行移动时，目标函数值 $Z=f(x_1,x_2)$ 就相应地递增；当等值线 Z 沿着 $\overrightarrow{OC}$ 的反方向平行移动时，目标函数值 $Z=f(x_1,x_2)$ 就相应地递减。

（二）**举例**

例如，目标函数 $Z=f(x_1,x_2)=2x_1+3x_2$，则

$$\nabla f(x_1,x_2)=\left(\frac{\partial f(x_1,x_2)}{\partial x_1},\frac{\partial f(x_1,x_2)}{\partial x_2}\right)=(2,3)$$

目标函数值 Z 的增大（减小）方向如图 1-5 所示。

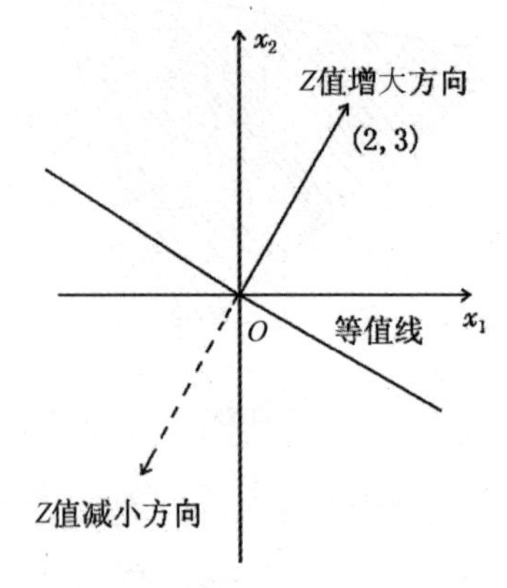

图 1-5　Z 值的增大与减小方向

例题 1-4：

$$LP\quad \max Z=2x_1+3x_2$$

$$\text{s. t.}\begin{cases}x_1+2x_2\leqslant 8\\4x_1\leqslant 16\\4x_2\leqslant 12\\x_1,x_2\geqslant 0\end{cases}$$

解：以 x_1 与 x_2 为坐标轴建立直角坐标系，则（x_1，x_2）即为坐标平面上点的坐标，那么满足约束条件中每一个不等式的点集就组成一个半平面。因为约束条件是由五个不等式组成的，所以同时满足约束条件的点集，是这五个半平面的交集，即图 1-6 中的凸多边形 *OABCD*。凸多边形 *OABCD* 中，包括边界上任何一点的坐标都同时满足约束条件的五个不等式，即满足线性规划问题的约束。如 *P* 点，其坐标为 $x_1=1$，$x_2=2$，亦即（1，2）必满足所有约束条件。凸多边形 *OABCD* 外任何一点的坐标都不能同时满足这五个不等式。如 *Q* 点，其坐标为 $x_1=4$，$x_2=3$，显然满足 $x_1\leqslant 4$，$x_2\leqslant 3$ 且满足 $x_1\geqslant 0$，$x_2\geqslant 0$，但不满足 $x_1+2x_2\leqslant 8$ 的限制条件。

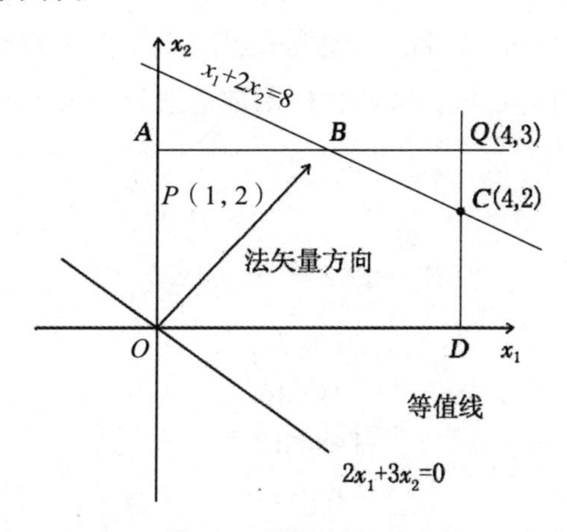

图 1-6　凸多边形 *OABCD*

所以，凸多边形 *OABCD* 上的每一个点的坐标都是满足线性规划问题约束条件的一个解，称为线性规划问题的一个可行解。而凸多边形上点的全体构成这一线性规划问题可行解的全体，称为线性规划问题的可行解域。

线性规划问题的可行解为坐标平面上一区域，该区域内的点有无穷多个，即满足结构限制条件及非负性限制条件的（x_1，x_2）值无穷多，换言之线性规划问题的可行解有无穷多个。

如何在全体可行解中找出一个最优解，即找出使目标函数值最大的可行解呢？令目标函数 $2x_1+3x_2=S$，S 为参数，如 $S=0$，则 $2x_1+3x_2=0$，其为坐标平面上一条等值线。目标函数值增大方向，即等值线沿法矢量方向，使等值线 $2x_1+3x_2=0$ 沿此方向平行移动，则目标函数值由 0 开始逐步增大。在此过程中，等值线平行移动到可行解域的 *C* 点。若目标函数值再次增大。等值线则离开可行解域。此时，等值线上的点（x_1，x_2）不再是线性规划问题的可行解。所以，既是线性规划问题的可行解，又是使目标函数值增长到最大，即达到 C 点时，所以 C 点处取值为线性规划问题的最优解。

C 点是 $x_1+2x_2=8$ 与 $4x_1=16$ 的交点，解得 $x_1=4, x_2=2$，即 C（4，2）是线性规划问题的最优解，其相应的目标函数最优值 $Z=2x_1+3x_2=14$。

故用图解法求解线性规划问题的步骤如下：

第一，确定线性规划问题的可行解域。即各约束条件确定的半平面相交的区域。

第二，确定线性规划问题的最优解。即作目标函数等值线 $c_1x_1+c_2x_2=S$，并求其法矢量方向，若目标为求“max”则目标函数等值线沿与法矢量相同的方向移动，若目标为求“min”则目标函数等值线沿与法矢量相反的方向移动，在移动中确定既不离开可行解域，又使目标函数值达到最大（或最小）的点，即为线性规划问题最优解。

例题 1-5：

$$LP \quad \max Z=2x_1+4x_2$$

$$\text{s. t.}\begin{cases} x_1+2x_2 \leqslant 8 \\ 4x_1 \leqslant 16 \\ 4x_2 \leqslant 12 \\ x_1, x_2 \geqslant 0 \end{cases}$$

解：可行解域即约束条件确定的半平面相交的区域，是一个凸多边形 $OABCD$，如图 1-7 所示。

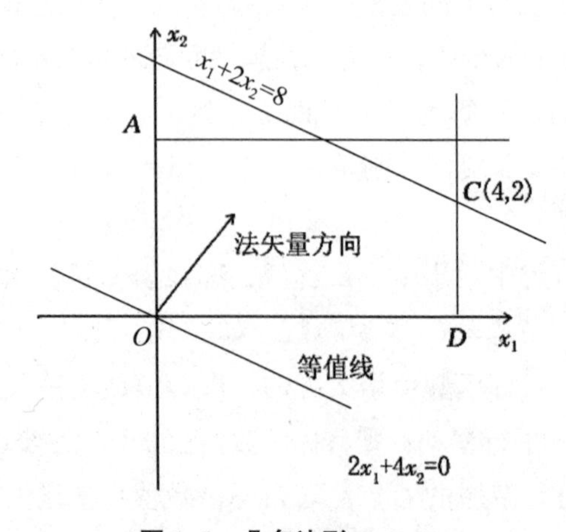

图 1-7　凸多边形 $OABCD$

目标函数 $Z=2x_1+4x_2$ 等值线 $2x_1+4x_2=0$ 沿其法矢量（梯度）方向平行移动，其目标函数值 Z 增大。当等值线移动到直线 BC 位置，若再继续移动则将脱离线性规划问题的可行解域。因此，既使目标函数在增值方向上，又不脱离可行解域的位置是直线 $x_1+2x_2=8$ 上的 BC 线段，因此 BC 线段上的无穷多个点都是线性规划问题的最优解。

例题 1-6：

$$LP \quad \max Z = x_1 + x_2$$

$$\text{s. t.}\begin{cases}-2x_1+x_2\leqslant 4\\ x_1-x_2\leqslant 4\\ x_1-x_2\leqslant 2\\ x_1,x_2\geqslant 0\end{cases}$$

解：可行解域（约束条件确定的半平面相交区域）OAB 是一个无界的区域，如图 1-8 所示。

当目标函数 $Z=f(x)=x_1+x_2$ 等值线沿其法矢量（梯度）方向平行移动时，其目标函数值 Z 由 0 逐步增大，而永远不会脱离线性规划问题的可行解域。因此，目标函数值 Z 无上界，$Z\to\infty$，故线性规划问题无最优解。

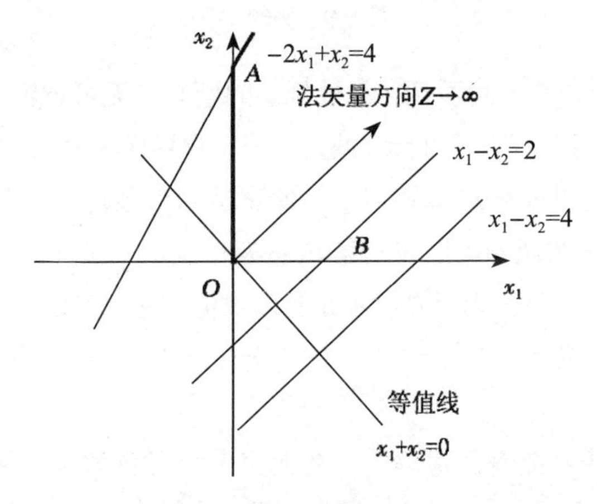

图 1-8　可行解域 OAB

例题 1-7：

$$LP \quad \max Z = 2x_1 + 3x_2$$

$$\text{s. t.}\begin{cases}4x_1 \leqslant 16 \\ 4x_2 \leqslant 12 \\ x_1 + 2x_2 \leqslant 8 \\ -2x_1 + x_2 \geqslant 4 \\ x_1, x_2 \geqslant 0\end{cases}$$

解：从图 1-9 可以看出，同时满足约束条件和非负性限制条件的区域（约束条件确定的半平面相交区域）不存在，可行解域为空集，线性规划问题无可行解，当然也无最优解。

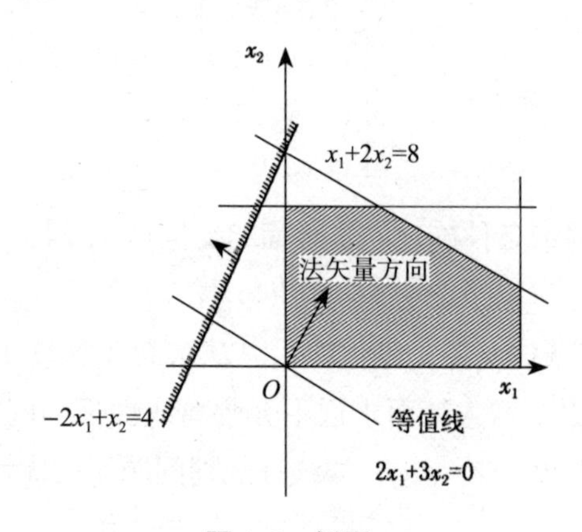

图 1-9　**例题** 1-7

从上述例子可以直观地看到，线性规划问题有的无可行解（其可行解域是一个空集）；有的有可行解，其可行解域是一个（有界或无界的）凸多边形。

线性规划问题可能无最优解：单解即满足约束条件、非负性限制条件中的点仅一个（此时线性规划问题可行解域缩为一点），其目标函数值为确定的数值，无所谓极大或极小。无限界解（无有限数值解），依线性规划问题的实际背景、利用有限资源（人、财、物等）的组合去获取无限的利润，这当然是不可能的。

线性规划问题可能有最优解，即在无穷多个可行解中，使目标函数值达到最大（或最小）的可行解：有时仅有一个最优解（称唯一最优解或称独解）（注意和单解的区别）；有时有无穷多个最优解。

在研究线性规划问题时，如何确定其无限界解或判断无解却是一个重要的工作。

第二节　线性规划问题的标准形式

从前文介绍的线性规划模型可知，目标函数和结构限制条件中出现的都是决策变量x_j（j=1，2，…，n）的线性项，有的是求目标函数最大化，有的是求目标函数最小化；结构限制条件有的是等式约束，有的是不等式约束；决策变量的非负性限制，实际上可以没有也可以对部分决策变量没有。这种形式上的多样性，势必会给线性规划问题的求解带来不便，为了充分利用线性方程组的理论，通常约定以某种“规范”形式的线性规划问题进行分析，只要找到解这种线性规划问题的方法，其他不同形式的线性规划问题就容易解决了。

本书约定，以最大化、等式约束的线性规划问题为“规范”形式，或称线性规划问题的标准形式，即

$$LP \quad \max Z = c_1x_1 + c_2x_2 + \cdots + c_nx_n$$

$$\text{s. t.}\begin{cases} a_{11}x_1 + a_{12}x_2 + \cdots + a_{1n}x_n = b_1 \\ a_{21}x_1 + a_{22}x_2 + \cdots + a_{2n}x_n = b_2 \\ \cdots\cdots \\ a_{m1}x_1 + a_{m2}x_2 + \cdots + a_{mn}x_n = b_m \\ x_j \geqslant 0,\ j = 1,2,\cdots,n \end{cases}$$

在线性规划问题的标准形中：

①目标函数 $Z=f(\boldsymbol{X})$ 是求最大化，其中 c_j（j=1，2，…，n）为任意常数。

②结构限制条件均为等式，且等式右边 b_i（i=1，2，…，m）非负，即 $b_i \geqslant 0, a_{ij}$（i=1，2，…，m；j=1，2，…，n）为任意常数。

③非负性限制条件均为不等式，即 $x_j \geqslant 0$（j=1，2，…，n）。

线性规划问题的标准形，可简写为

$$LP \quad \max Z = \sum_{j=1}^{n} c_j x_j$$

$$\text{s.t.} \begin{cases} \sum_{j=1}^{n} a_{ij}x_j = b_i,\ i = 1,2,\cdots,m \\ x_j \geqslant 0,\ j = 1,2,\cdots,n \end{cases}$$

为了问题研究方便，线性规划问题的标准形还可以写成表 1-2 中的形式。

表 1-2　线性规划问题的标准形

向量形式	矩阵形式
$LP \quad \max Z = \boldsymbol{CX}$	$LP \quad \max Z = \boldsymbol{CX}$
s.t. $\begin{cases} \sum_{j=1}^{n} \boldsymbol{P}_j x_j = b \\ x_j \geqslant 0,\ j = 1,2,\cdots,n \end{cases}$	s. t. $\begin{cases} \boldsymbol{AX} = b \\ \boldsymbol{X} \geqslant 0 \end{cases}$

其中：

$$\boldsymbol{A} = \begin{pmatrix} a_{11} & a_{12} & \cdots & a_{1n} \\ a_{21} & a_{22} & \cdots & a_{2n} \\ \vdots & \vdots & & \vdots \\ a_{m1} & a_{m2} & \cdots & a_{mn} \end{pmatrix} = (\boldsymbol{P}_1, \boldsymbol{P}_2, \cdots, \boldsymbol{P}_n), \boldsymbol{C} = (c_1, c_2, \cdots, c_n)$$

$$\boldsymbol{P}_j = \begin{pmatrix} a_{1j} \\ a_{2j} \\ \vdots \\ a_{mj} \end{pmatrix},\ j = 1,2,\cdots,n, \boldsymbol{X} = \begin{pmatrix} x_1 \\ x_2 \\ \vdots \\ x_n \end{pmatrix}, \boldsymbol{b} = \begin{pmatrix} b_1 \\ b_2 \\ \vdots \\ b_m \end{pmatrix}$$

根据实际问题建立起来的线性规划问题，一般不是标准形的，而将一个一般形式的线性规划问题变换为标准形的线性规划问题有下列方法。

1. 变目标函数最小化为最大化

若目标函数为求最小化问题，即 $\min W = \boldsymbol{CX}$。自然，对于取得极小值的点 $\boldsymbol{X}^*$，对任意的 $\boldsymbol{X}$，有 $Z = \boldsymbol{CX}^* \leqslant \boldsymbol{CX}$，其中 $\boldsymbol{X}$、$\boldsymbol{X}^* \in D$，D 为线性规划问题的可行解域。显然可得 $-Z = -\boldsymbol{CX}^* \geqslant -\boldsymbol{CX}$。这说明 $\boldsymbol{X}^*$ 必使以 $-Z=-\boldsymbol{CX}$ 作为目标的函数取得最大值。因此，对于目标函数 $\min W = \boldsymbol{CX}$，只需要令 $Z = -W = -\boldsymbol{CX}$，即可变换为 $\max Z = \min(-W) = -\min W = -\boldsymbol{CX}$ 标准形的线性规划目标函数。

2. 变结构限制条件不等式约束为等式约束

线性规划问题的结构限制条件中的不等式约束，一般有两种：

$$\sum_{j=1}^{n} a_{ij} x_j \leqslant b_i \quad 或 \quad \sum_{j=1}^{n} a_{ij} x_j \geqslant b_i,\ i=1,\ 2,\ \cdots,\ m;\ j=1,\ 2,\ \cdots,\ n$$

式中：b_i（i=1，2，…，m）应为非负实数，将不等式约束变换为等式约束需要一个具有非负性限制的辅助变量。

对于$\sum_{j=1}^{n} a_{ij}x_j \leqslant b_i$（$i$=1，2，…，$m$；$j$=1，2，…，$n$）型的不等式约束，在不等式左边添加一个辅助变量$x_l$，称为松弛变量，不等式约束变为等式约束，即$\sum_{j=1}^{n} a_{ij}x_j + x_l = b_i$，并使$x_l = b_i - \sum_{i=1}^{n} a_{ij}x_j \geqslant 0$，故松弛变量具有非负性，即$x_l \geqslant 0$。

同理，对于$\sum_{j=1}^{n} a_{ij}x_j \geqslant b_i$（$i$=1，2，…，$m$；$j$=1，2，…，$n$）型的不等式约束，在不等式左边减去一个辅助变量$x_s$，称为剩余变量，不等式约束变为等式约束，即

$\sum_{j=1}^{n} a_{ij}x_j - x_s = b_i$，并使$x_s = \sum_{j=1}^{n} a_{ij}x_j - b_i \geqslant 0$，故剩余变量也具有非负性，即$x_s \geqslant 0$。

最后，把松弛变量和剩余变量的非负性归结入决策变量的非负性限制条件：$x_j \geqslant 0, x_l \geqslant 0, x_s \geqslant 0$。

这样就使得结构限制条件的不等式约束变为等式约束。

3. 满足决策变量的非负性限制条件

如果决策变量x_j的符号不定即可正可负，则称其为自由变量。如果某决策变量x_j要求非正即$x_j \leqslant 0$，则称其为非正变量。此两种决策变量均不具备非负性。

对于自由变量x_j，只要引入两个非负的辅助变量x_j'和x_j''，并令$x_j = x_j' - x_j''$，代入目标函数和结构限制条件中，使自由变量x_j被x_j'和x_j''两个辅助变量替代而不再出现。当线性规划问题达到最优解时，若x_j'和x_j''的取值使$x_j' - x_j'' \geqslant 0$，则有决策变量$x_j \geqslant 0$，反之$x_j' - x_j'' \leqslant 0$，则有决策决量$x_j \leqslant 0$，且x_j'和x_j''必具有非负性。

对于非正变量x_j，显然有$x_j \leqslant 0$，故一定会有$-x_j \geqslant 0$，引入辅助变量x_j'，并令$x_j' = -x_j$，将其代入目标函数和结构限制条件，替代x_j，则$x_j' = -x_j \geqslant 0$，必具有非负性。

例题 1-8：将下列线性规划问题化为标准形。

$$LP \quad \min W = -x_1 + 2x_2 - 3x_3$$

$$\text{s.t.} \begin{cases} x_1 + x_2 + x_3 \leqslant 7 \\ x_1 - x_2 + x_3 \geqslant 2 \\ 3x_1 + x_2 + 2x_3 = 5 \\ x_1 \geqslant 0, x_2 \leqslant 0, x_3 \text{ 无约束} \end{cases}$$

解：令 $Z=-W$，则求 $\min W$ 变为求 $\max Z=\max(-W)=-\min W$。

在结构限制条件 $x_1+x_2+x_3\leqslant 7$ 的左端，加上松弛变量 x_4；在结构限制条件 $x_1-x_2+x_3\geqslant 2$ 的左端，减去剩余变量 x_5。

对于非负性限制条件，令 $x'_2=-x_2$ 且 $x'_2\geqslant 0$，具有非负性，用 $-x'_2$ 代替目标函数和结构限制条件中的 x_2。令 $x'_3-x''_3=x_3$ 且 $x'_3\geqslant 0, x''_3\geqslant 0$，具有非负性，用 $x'_3-x''_3$ 代替目标函数和结构限制条件中的 x_3。

综上，即可将原线性规划问题变换为标准形：

$$LP\quad \max Z=x_1+2x'_2+3x'_3-3x''_3+0x_4+0x_5$$

$$\text{s. t.}\begin{cases}x_1-x'_2+x'_3-x''_3+x_4=7\\ x_1-x'_2+x'_3-x''_3-x_5=2\\ 3x_1-x'_2+2x'_3-2x''_3=5\\ x_1,x'_2,x'_3,x''_3,x_4,x_5\geqslant 0\end{cases}$$

特别注意的是，在实际问题中，松弛变量 x_l 表示剩余的资源量，剩余变量 x_s 表示短缺的资源量，都是在生产过程中没有被实际利用的资源量，故其不会产生价值利润。因此，在目标函数中，其价值系数 $c_l=c_s=0$。

第三节　线性规划问题的代数分析

设线性规划问题的标准形：

$$LP\quad \max Z=\boldsymbol{CX}$$

$$\text{s.t.}\begin{cases}\boldsymbol{AX}=\boldsymbol{b}\\ \boldsymbol{X}\geqslant\boldsymbol{0}\end{cases}$$

定义 1-1：（1）满足线性规划问题的结构限制条件即线性方程组 $\boldsymbol{AX}=\boldsymbol{b}$ 的解 $\boldsymbol{X}=(x_1,x_2,\cdots,x_n)^{\mathrm{T}}$ 称为线性规划问题的解。

（2）满足线性规划问题的结构限制条件即线性方程组 $\boldsymbol{AX}=\boldsymbol{b}$ 和非负性限制条件 $\boldsymbol{X}\geqslant\boldsymbol{0}$ 的解 $\boldsymbol{X}=(x_1,x_2,\cdots,x_n)^{\mathrm{T}}$ 称为线性规划问题的可行解，所有可行解的集合称为可行解域，记作 $D=\{\boldsymbol{X}|\ \boldsymbol{AX}=\boldsymbol{b}\text{ 且}\boldsymbol{X}\geqslant\boldsymbol{0}\}$。

（3）满足线性规划问题的结构限制条件且使目标函数值 $Z=\boldsymbol{CX}^*$ 最大的可行解 $\boldsymbol{X}^*$ 称为线性规划问题的最优解。

解线性规划问题，实质就是要从线性规划问题的可行解域 D 中找出一个可行解 $\boldsymbol{X}^*$，并且能使目标函数值 $Z=\boldsymbol{CX}^*$ 最大，即求线性规划问题的最优解。

线性规划问题的结构限制条件 $\boldsymbol{AX}=\boldsymbol{b}$ 是一个线性方程组，系数矩阵 $\boldsymbol{A}_{m\times n}$，其秩为 $r(\boldsymbol{A})$。

如果 $m>n$，则表示系数矩阵 $\boldsymbol{A}$ 的秩 $r(\boldsymbol{A})$ 小于线性方程组中方程的个数，即 $\boldsymbol{AX}=\boldsymbol{b}$ 中含有多余的方程 $m-r(\boldsymbol{A})$ 个。因此，可以去掉多余的方程使矩阵 $\boldsymbol{A}$ 的行数 $m\leqslant n$。

如果 $m=n$ 且 $r(\boldsymbol{A})=m$，则表示 $\boldsymbol{AX}=\boldsymbol{b}$ 仅有唯一解，即此时线性规划问题出现单解，目标函数值 $Z=\boldsymbol{CX}$ 唯一确定，不存在极值。

如果 $m<n$ 且 $r(\boldsymbol{A})=m$，则线性方程组 $\boldsymbol{AX}=\boldsymbol{b}$ 有无穷多个解。欲从 $\boldsymbol{AX}=\boldsymbol{b}$ 的无穷多个解中找出一个解 $\boldsymbol{X}$ 来，既使 $\boldsymbol{X}$ 满足非负性限制条件 $\boldsymbol{X}\geqslant\boldsymbol{0}$，又使目标函数值 $Z=\boldsymbol{CX}$ 达到最大，实际上是无法操作的。为此，需要从系数矩阵 $\boldsymbol{A}$ 本身的特性出发去寻求可操作的方法。

由于 $r(\boldsymbol{A})=m<n$，则在矩阵 $\boldsymbol{A}$ 中一定含有 m 个线性无关的列向量，由这 m 个线性无关的列向量构成矩阵 $\boldsymbol{A}$ 的一个 m 阶非奇异的子矩阵。为了问题讨论的方便且不失一般性，不妨假定矩阵 $\boldsymbol{A}$ 的前 m 个列线性无关，将矩阵 $\boldsymbol{A}$ 以列分块：

$$\boldsymbol{A}=\begin{pmatrix} a_{11} & a_{12} & \cdots & a_{1m} & a_{1m+1} & \cdots & a_{1n} \\ a_{21} & a_{22} & \cdots & a_{2m} & a_{2m+1} & \cdots & a_{2n} \\ \vdots & \vdots & & \vdots & \vdots & & \vdots \\ a_{m1} & a_{m2} & \cdots & a_{mm} & a_{mm+1} & \cdots & a_{mn} \end{pmatrix}$$

$$=\left(\boldsymbol{P}_1,\boldsymbol{P}_2,\cdots,\boldsymbol{P}_m,\boldsymbol{P}_{m+1},\cdots,\boldsymbol{P}_n\right)=(\boldsymbol{B}|\ \boldsymbol{N})$$

令 $\boldsymbol{B}=\left(\boldsymbol{P}_1,\boldsymbol{P}_2,\cdots,\boldsymbol{P}_m\right)\boldsymbol{N}=\left(\boldsymbol{P}_{m+1},\boldsymbol{P}_{m+2},\cdots,\boldsymbol{P}_n\right)$，则 $\boldsymbol{B}$ 是一个非奇异方阵 $|\boldsymbol{B}|\neq 0$，称 $\boldsymbol{B}$ 构成系数矩阵 $\boldsymbol{A}$ 的一个基阵，$\boldsymbol{P}_1,\boldsymbol{P}_2,\cdots,\boldsymbol{P}_m$ 称为基向量，$\boldsymbol{N}$ 称为非基阵，$\boldsymbol{P}_{m+1},\boldsymbol{P}_{m+2},\cdots,\boldsymbol{P}_n$ 称为非基向量。

同样，在线性规划问题的一个可行解 $\boldsymbol{X}=\left(x_1,x_2,\cdots,x_m,x_{m+1},\ \cdots,x_n\right)^{\mathrm{T}}$ 中与基向量 $\boldsymbol{P}_1,\boldsymbol{P}_2,\cdots,\boldsymbol{P}_m$ 相对应的变量 $x_1,x_2,\cdots,x_m$ 称为基变量，记作 $\boldsymbol{X}_{\boldsymbol{B}}=\left(x_1,x_2,\cdots,x_m\right)^{\mathrm{T}}$，与非基向量 $\boldsymbol{P}_{m+1},\boldsymbol{P}_{m+2},\cdots,\boldsymbol{P}_n$ 相对应的变量 $x_{m+1},x_{m+2},\cdots,x_n$ 称为非基变量，记作 $\boldsymbol{X}_{\boldsymbol{N}}=\left(x_{m+1},x_{m+2},\cdots,x_n\right)^{\mathrm{T}}$，则 $\boldsymbol{X}=\left(\boldsymbol{X}_{\boldsymbol{B}},\boldsymbol{X}_{\boldsymbol{N}}\right)^{\mathrm{T}}$。

结构限制条件即线性方程组 $\boldsymbol{AX}=\boldsymbol{b}$ 可以改写为

$$\begin{pmatrix} a_{11} \\ a_{21} \\ \vdots \\ a_{m1} \end{pmatrix} x_1 + \begin{pmatrix} a_{12} \\ a_{22} \\ \vdots \\ a_{m2} \end{pmatrix} x_2 + \cdots + \begin{pmatrix} a_{1n} \\ a_{2n} \\ \vdots \\ a_{mn} \end{pmatrix} x_n = \begin{pmatrix} b_1 \\ b_2 \\ \vdots \\ b_m \end{pmatrix}$$

由于前 m 个列向量线性无关，构成一个基阵 $\boldsymbol{B}$，则 $\boldsymbol{AX}=\boldsymbol{b}$ 可变形为

$$\begin{pmatrix} a_{11} \\ a_{21} \\ \vdots \\ a_{m1} \end{pmatrix} x_1 + \begin{pmatrix} a_{12} \\ a_{22} \\ \vdots \\ a_{m2} \end{pmatrix} x_2 + \cdots + \begin{pmatrix} a_{1m} \\ a_{2m} \\ \vdots \\ a_{mm} \end{pmatrix} x_m = \begin{pmatrix} b_1 \\ b_2 \\ \vdots \\ b_m \end{pmatrix} - \begin{pmatrix} a_{1m+1} \\ a_{2m+1} \\ \vdots \\ a_{mm+1} \end{pmatrix} x_{m+1} - \cdots - \begin{pmatrix} a_{1n} \\ a_{2n} \\ \vdots \\ a_{mn} \end{pmatrix} x_n$$

令非基变量 $x_{m+1} = x_{m+2} = \cdots = x_n = 0$，则以下方程组称为对应于基阵 $\boldsymbol{B}$ 的线性方程组

$$\begin{cases} a_{11}x_1 + a_{12}x_2 + \cdots + a_{1m}x_m = b_1 \\ a_{21}x_1 + a_{22}x_2 + \cdots + a_{2m}x_m = b_2 \\ \cdots\cdots \\ a_{m1}x_1 + a_{m2}x_2 + \cdots + a_{mm}x_m = b_m \end{cases}$$

由于 $|\boldsymbol{B}| \neq 0$，则以上线性方程组有唯一解 $\boldsymbol{X}_B = (x_1, x_2, \ldots, x_m)^{\mathrm{T}}$，从而得到线性规划问题中结构限制条件的一个解 $\boldsymbol{X_B} = (x_1, x_2, \cdots, x_m, 0, 0 \ \cdots, 0)^{\mathrm{T}}$，此解的非基变量取值均为 0。

定义 1-2：线性规划问题中，对应于基阵 $\boldsymbol{B}$ 的线性方程组 $\boldsymbol{AX}=\boldsymbol{b}$ 的解 $\boldsymbol{X} = (x_1, x_2, \cdots, x_m, 0, \cdots, 0)^{\mathrm{T}} = (\boldsymbol{X_B}, \boldsymbol{X_N})$ 称为线性规划问题的对应于基阵 $\boldsymbol{B}$ 的一个基本解，简称基解。

显然，基本解中基变量 $\boldsymbol{X_B} \geqslant \boldsymbol{0}$ 或 $\boldsymbol{X_B} \leqslant \boldsymbol{0}$，非基变量 $\boldsymbol{X_N} = \boldsymbol{0}$，此基本解中非零分量个数不超过 m。若基本解中非零分量个数小于 m，即基变量中含有零值，则称此基本解是可退化的基本解。若基本解中非零分量个数等于 m，即基变量取值都大于零，则称此基本解为非退化的基本解。

因为 $\boldsymbol{A}$ 为 $m \times n$ 阶矩阵（$m \leqslant n$），只要从 $\boldsymbol{A}$ 的 n 个列向量中任意选出 m 个线性无关的列向量都构成 $\boldsymbol{A}$ 的一个基，$\boldsymbol{A}$ 中基阵的个数不会超过 C_n^m 个，对应 $\boldsymbol{A}$ 的每一个基都决定一个基本解。所以，线性规划问题的基本解有限，不会超过 C_n^m 个。

定义 1-3：若线性规划问题约束方程组 $\boldsymbol{AX}=\boldsymbol{b}$ 的一个解 $\boldsymbol{X}$ 满足非负性限制条件，即 $\boldsymbol{X} \geqslant \boldsymbol{0}$，则称 $\boldsymbol{X}$ 为线性规划问题的一个可行解。若对应于基阵 $\boldsymbol{B}$ 的

基本解 $\boldsymbol{X}$=（$\boldsymbol{XB}$，$\boldsymbol{XN}$）^{T}，满足线性规划问题非负性限制条件，即 $\boldsymbol{X} \geqslant \boldsymbol{0}$，则称 $\boldsymbol{X}$ 为线性规划问题的基本可行解，相应的基阵 $\boldsymbol{B}$ 称为线性规划问题的一个可行基。

显然，线性规划问题基本可行解的个数总不会超过基本解的个数。

定义 1-4：设 D 为线性规划问题的可行解域，若存在 $\boldsymbol{X}^* \in D$，使得对任意的 $\boldsymbol{X} \in D$ 都有 $\boldsymbol{CX} \leqslant \boldsymbol{CX}^*$，则称 $\boldsymbol{X}^*$ 是线性规划问题的最优可行解。若 $\boldsymbol{X}^*$ 又是基本可行解，则 $\boldsymbol{X}^*$ 称其为线性规划问题的基本最优解。

欲从无限个可行解中找一个最优可行解，实际上是不可行的，但是欲从有限个基本可行解中找一个基本最优解，则是可行的，因此，求线性规划问题的最优解实际上就是求它的基本最优解，故今后将基本最优解简称最优解。

例如：

$$LP \quad \max Z = 3x_1 + 2x_2$$

$$\text{s.t.} \begin{cases} x_1 + 2x_2 \leqslant 8 \\ 4x_1 \leqslant 16 \\ 4x_2 \leqslant 12 \\ x_1, x_2 \geqslant 0 \end{cases}$$

将其化为线性规划问题的标准形，即

$$LP \quad \max Z = 3x_1 + 2x_2 + 0x_3 + 0x_4 + 0x_5$$

$$\text{s.t.} \begin{cases} x_1 + 2x_2 + x_3 = 8 \\ 4x_1 + x_4 = 16 \\ 4x_2 + x_5 = 12 \\ x_1, x_2, x_3, x_4, x_5 \geqslant 0 \end{cases}$$

此约束方程组系数矩阵：

$$\boldsymbol{A} = \begin{pmatrix} 1 & 2 & 1 & 0 & 0 \\ 4 & 0 & 0 & 1 & 0 \\ 0 & 4 & 0 & 0 & 1 \end{pmatrix} = (\boldsymbol{P}_1, \boldsymbol{P}_2, \boldsymbol{P}_3, \boldsymbol{P}_4, \boldsymbol{P}_5)$$

可知 r（$\boldsymbol{A}$）=3，则 $\boldsymbol{A}$ 中含有基阵 $\boldsymbol{B}$ 的个数 $\leqslant \mathrm{C}_5^3 = 10$。

对于线性规划问题的一个基，$\boldsymbol{N}_1$=（$\boldsymbol{P}_4$，$\boldsymbol{P}_5$）是相应的非基阵；$\boldsymbol{X}_{\boldsymbol{B}_1} = (x_1, x_2, x_3)^{\mathrm{T}}$ 为对应于基阵 $\boldsymbol{B}_1$ 的基变量，$\boldsymbol{X}_{\boldsymbol{N}_1} = (x_4, x_5)^{\mathrm{T}}$ 是相应的非基变量。令 $\boldsymbol{X}_{\boldsymbol{N}_1} = (x_4, x_5)^{\mathrm{T}} = (0,0)^{\mathrm{T}}$，则以上约束方程组变为对应于基阵 $\boldsymbol{B}_1$ 的线性方程组：

$$\begin{cases}x_1+2x_2+x_3=8\\4x_1=16\\4x_2=12\end{cases}$$

此方程组有唯一解，$X_{B_1}=(x_1,x_2,x_3)^{\mathrm{T}}=(4,3,-2)^{\mathrm{T}}$，故得到对应于基阵 B_1 的基本解 $X_{B_1}=(4,3,-2,0,0)^{\mathrm{T}}$。但 $X_B\geqslant \mathbf{0},X_{B_1}$ 虽是基本解，但不可行，所以不是基本可行解，可得 B_1 不是可行基。

若令

$$B_2=(P_1,P_2,P_4)=\begin{pmatrix}1&2&0\\4&0&1\\0&4&0\end{pmatrix}$$

则 $|B_2|=-4\neq 0$，故 B_2 也是线性规划问题的一个基，$X_{B_2}=(x_1,x_2,x_4)^{\mathrm{T}}$ 为相应的基变量，$X_{N_2}=(x_3,x_5)^{\mathrm{T}}$ 为相应的非基变量。令 $X_{N_2}=(x_3,x_5)^{\mathrm{T}}=(0,0)^{\mathrm{T}}$，则约束方程组变为对应于基阵 B_2 的线性方程组：

$$\begin{cases}x_1+2x_2=8\\4x_1+x_4=16\\4x_2=12\end{cases}$$

此方程组有唯一解 $X_{B_2}=(2,3,8)^{\mathrm{T}}$，故得对应于基阵 B_2 的基本解 $X_{B_2}=(2,3,0,8,0)^{\mathrm{T}}$，且 $X_{B_2}\geqslant\mathbf{0}$。所以，$X_{B_2}$ 是基本可行解，B_2 是可行基。

若令

$$B_3=(P_1,P_2,P_5)=\begin{pmatrix}1&2&0\\4&0&0\\0&4&1\end{pmatrix}$$

则 $|B_3|=-8\neq 0$，故 B_3 也是线性规划问题的一个基，N_3=（P_3, P_4）是相应的非基阵，$X_{B_3}=(x_1,x_2,x_5)^{\mathrm{T}}$ 是对应于基阵 B_3 的基变量，$X_{N_3}=(x_3,x_4)^{\mathrm{T}}$ 是相应的非基变量。若令 $X_N=(x_3,x_4)^{\mathrm{T}}=(0,0)$，则约束方程组变为对应于基阵 B_3 的线性方程组：

$$\begin{cases}x_1+2x_2=8\\4x_1=16\\4x_2+x_5=12\end{cases}$$

此方程组有唯一解 $X_{B_3}=(4,2,8)^{\mathrm{T}}$，故得对应于基阵 B_3 的基本解为 $X_{B_3}=(4,2,0,0,8)^{\mathrm{T}}$，且 $X_{B_3}\geqslant 0$，所以 X_{B_3} 是基本可行解是可行基。

由于 X_{B_1} 不满足非负性限制，故 X_{B_1} 不是基本可行解，基阵 B_1 不是可行基，而 X_{B_2} 、$X_{B_3}\geqslant 0$（具有非负性）。故 X_{B_2}，X_{B_3} 是基本可行解，基阵 B_2，B_3 是可行基。

从本例可以看出，线性规划问题的基本解个数≤ 10，有限，但有的基本解不一定是可行解，因此线性规划问题的基本可行解的个数少于基本解个数，而线性规划问题的最优解一定会在有限个基本可行解中找到。

第四节　线性规划问题的几何分析

本节将对 n 个变量的线性规划问题的几何性质进行分析。

一、基本概念

定义 1-5：在 R^n 中若有 k 个不同的点 $X_i=\left(x_{1i},x_{2i},\cdots,x_{ni}\right)^{\mathrm{T}}$，则称 $X=\lambda_1X_1+\lambda_2X_2+\cdots+\lambda_kX_k=\sum_{i=1}^{k}\lambda_iX_i$ [其中，$0<\lambda_i<1\,(i=1,2,\cdots,k)$ 且 $\sum_{i=1}^{k}\lambda_i=1$] 是 $X_1,X_2,\cdots,X_k$ 的一个凸组合。

特别在 R^2 中，任意两点 X_1 与 X_2 $\left(X_1\neq X_2\right)$ 的凸组合表示 X_1 与 X_2 两点之间的连线，即线段 X_1 与 X_2 上任意一点 X 都是 X_1 与 X_2 的凸组合，即 $X=\lambda X_1+(1-\lambda)X_2$ $(0\leqslant\lambda\leqslant 1)$。

如图 1-10 所示，设 X 是 X_1 与 X_2 线段上任一点，则 X 可表示为 $X=\alpha X_1+\lambda X_2$，其中 $0\leqslant\alpha\leqslant 1,0\leqslant\lambda\leqslant 1$。

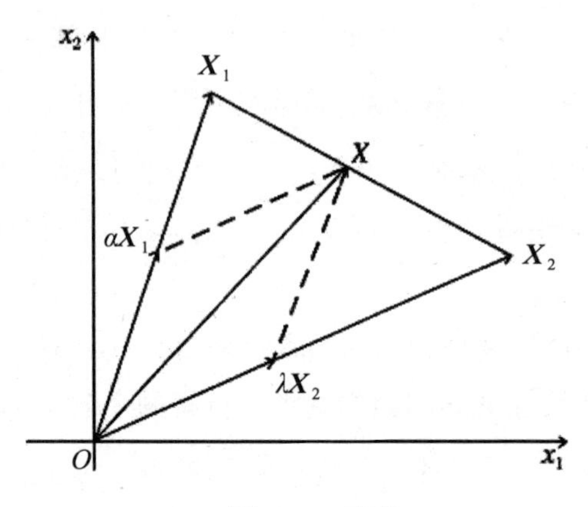

图 1-10　定义 1-5

由 $\dfrac{\alpha \boldsymbol{X}_1}{\boldsymbol{X}_1}=\dfrac{\boldsymbol{X}_2-\lambda \boldsymbol{X}_2}{\boldsymbol{X}_2}\Rightarrow \alpha=1-\lambda$，即 $\boldsymbol{X}=\alpha \boldsymbol{X}_1+\lambda \boldsymbol{X}_2=(1-\lambda)\boldsymbol{X}^1+\lambda \boldsymbol{X}_2\,(0\leqslant \lambda\leqslant 1)$。

定义 1-6：凸集：在 $\mathbf{R}^n$ 中，C 是 $\mathbf{R}^n$ 中一个点集。若对任意 $\boldsymbol{X}_1$，$\boldsymbol{X}_2\in C$，且 $\boldsymbol{X}_1\neq \boldsymbol{X}_2$，有 $\boldsymbol{X}=\lambda \boldsymbol{X}_1+(1-\lambda)\boldsymbol{X}_2\in C, 0\leqslant\lambda\leqslant 1$，则称 C 是 $\mathbf{R}^n$ 中一个凸集。

凸集中任意两点的连线均仍在凸集中。从直观上来讲，凸集表面没有凹入部分，内部没有空隙，凸集与非凸集的比较如图 1-11 所示。

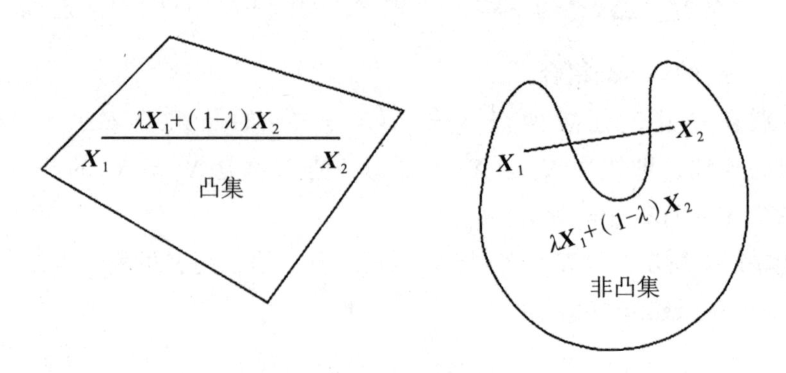

图 1-11　凸集与非凸集

凸集有着深刻的经济含义。在微观经济学中，厂商的可行性生产计划集合在一般要求下是凸集合。同样，收入为一定值的消费者的预算约束集合也是凸集合，表示如果两个消费者的预算约束集合是可行的，那么它们的凸组合也是消费者的可行预算约束集合。

特别规定，$\mathbf{R}^n$ 中的空集$\varnothing$、全集 $\mathbf{R}^n$、单点集合 $\{X\}$ 均是凸集。

定义 1-7：设 C 是 $\mathbf{R}^n$ 中的一个凸集。对于$\boldsymbol{X}\in C$，只有两点$\boldsymbol{X}_1, \boldsymbol{X}_2\in C$，且$\boldsymbol{X}_1\neq\boldsymbol{X}_2$使得$\boldsymbol{X}=\lambda\boldsymbol{X}_1+(1-\lambda)\boldsymbol{X}_2\ (0\leqslant\lambda\leqslant1)$，即$\boldsymbol{X}$不是$C$中任何线段的内点，则称$\boldsymbol{X}$为凸集$C$的一个极点。

显然，极点必定是凸集C的边界点，但并非凸集C的所有边界点都是极点。

定义 1-8：设S是 $\mathbf{R}^n$ 中的一个有限集，且$S=\{\boldsymbol{X}_1,\boldsymbol{X}_2,\cdots,\boldsymbol{X}_k\}$，则它的所有凸组合的全体即$\left\{\lambda_1\boldsymbol{X}_1+\lambda_2\boldsymbol{X}_2+\cdots+\lambda_n\boldsymbol{X}_n \mid \lambda_i\geqslant0,且\sum_{i=1}^{n}\lambda_i=1\right\}$称为$S$的一个凸包，记作$C_0(S)$，或称由$\boldsymbol{X}_1,\boldsymbol{X}_2,\cdots,\boldsymbol{X}_n$所张成的有限凸多面体。

定义 1-9：设 $\mathbf{R}^n$ 中一个集合C，若对任意$\boldsymbol{X}\in C$，均有$\lambda\boldsymbol{X}\in C(\lambda\geqslant0)$，则称$C$是以原点为顶点的一个锥，若一个锥是凸的则称其为凸锥。

显然凸锥是无界的，并且包含原点。

二、基本定理

定理 1-1：线性规划问题的可行解域$D=\{\boldsymbol{X}\mid \boldsymbol{AX}=\boldsymbol{b},\boldsymbol{X}\geqslant\boldsymbol{0}\}$是 $\mathbf{R}^n$ 中的凸集。

证明：对任意的$\boldsymbol{X}_1,\boldsymbol{X}_2\in D$，有$\boldsymbol{AX}_1=\boldsymbol{b},\boldsymbol{X}_1\geqslant\boldsymbol{0},\boldsymbol{AX}_2=\boldsymbol{b},\boldsymbol{X}_2\geqslant\boldsymbol{0}$。

设$\boldsymbol{X}$是$\boldsymbol{X}_1$、$\boldsymbol{X}_2$连线上任意一点，则$\boldsymbol{X}=\lambda\boldsymbol{X}_1+(1-\lambda)\boldsymbol{X}_2\ (0\leqslant\lambda\leqslant1)$，由于$\boldsymbol{X}_1\geqslant0,\boldsymbol{X}_2\geqslant0,\lambda\geqslant0$，所以$\boldsymbol{X}=\lambda\boldsymbol{X}_1+(1-\lambda)\boldsymbol{X}_2\geqslant\boldsymbol{0}$。并且，$\boldsymbol{A}\left[\lambda\boldsymbol{X}_1+(1-\lambda)\boldsymbol{X}_2\right]=\lambda\boldsymbol{AX}_1+(1-\lambda)\boldsymbol{AX}_2=\lambda\boldsymbol{b}+(1-\lambda)\boldsymbol{b}=\boldsymbol{b}$，即$\boldsymbol{X}$满足$\boldsymbol{AX}=\boldsymbol{b}$，$\boldsymbol{X}\geqslant\boldsymbol{0}$，亦即$\boldsymbol{X}\in D$。

所以，线性规划问题的可行解域D是凸集。

定理 1-2：线性规划问题的基本可行解就是可行解域D（凸集）上的极点。

证明：设$\boldsymbol{X}=(x_1,x_2,\cdots,x_n)$是线性规划问题的可行解，不妨设其中的$x_1,x_2,\cdots,x_k$是正坐标，即$x_j>0\quad(j=1,2,\cdots,k)$，则有

$$x_1\boldsymbol{P}_1+x_2\boldsymbol{P}_2+\cdots+x_k\boldsymbol{P}_k=\boldsymbol{b} \qquad (1\text{-}1)$$

下面分两个方面来加以证明。

（1）若$\boldsymbol{X}$是极点，则$\boldsymbol{X}$一定是基本可行解。

反证法：倘若不然，$\boldsymbol{P}_1,\boldsymbol{P}_2,\cdots,\boldsymbol{P}_k$线性相关，故必存在一组不全为零的数$c_1,c_2,\cdots,c_k$，使得

$$c_1\boldsymbol{P}_1+c_2\boldsymbol{P}_2+\cdots+c_k\boldsymbol{P}_k=\boldsymbol{0} \qquad (1\text{-}2)$$

将正数 θ（$\theta>0$）乘式（1-2），再与式（1-1）相加减得

$$\left(x_1 \pm c_1\theta\right)\boldsymbol{P}_1+\left(x_2 \pm c_2\theta\right)\boldsymbol{P}_2+\cdots+\left(x_k+c_k\theta\right)\boldsymbol{P}_k=\boldsymbol{b}$$

于是，取

$$\boldsymbol{X}_1=\left(x_1+c_1\theta, x_2+c_2\theta, \cdots, x_k+c_k\theta, 0, \cdots, 0\right)$$

$$\boldsymbol{X}_2=\left(x_1-c_1\theta, x_2-c_2\theta, \cdots, x_k-c_k\theta, 0, \cdots, 0\right)$$

当 θ 取值充分小的过程中，一定可以选择一个 θ，使得 $\max\left\{\frac{x_j}{-\left|c_j\right|}\right\}\leqslant\theta\leqslant$ $\min\left\{\frac{x_j}{\left|c_j\right|}\right\}(j=1,2,\cdots,k)$，使 $x_j \pm c_j\theta\geqslant 0$（$j$=1，2，…，$k$），即 $\boldsymbol{X}_1\geqslant\boldsymbol{0}, \boldsymbol{X}_2\geqslant\boldsymbol{0}$，故 $\boldsymbol{X}_1$ 与 $\boldsymbol{X}_2$ 为线性规划问题的可行解，并且 $\boldsymbol{X}=\frac{1}{2}\boldsymbol{X}_1+\frac{1}{2}\boldsymbol{X}_2$，即 $\boldsymbol{X}$ 是 $\boldsymbol{X}_1$ 和 $\boldsymbol{X}_2$ 两点连线的中点。

故 $\boldsymbol{X}$ 不是线性规划问题可行解域 D 的极点。

（2）若 $\boldsymbol{X}$ 是线性规划问题的基本可行解，则 $\boldsymbol{X}$ 一定是线性规划问题可行解域 D 的极点。

假设 $\boldsymbol{X}$ 不是可行解域 D 的极点，也就是说，存在 $\boldsymbol{X}_1$ 和 $\boldsymbol{X}_2\left(\boldsymbol{X}_1 \neq \boldsymbol{X}_2\right)\in D$，使 $X=\lambda X_1+(1-\lambda)X_2 \quad (0<\lambda<1)$。

这里，$\boldsymbol{X}_1=\left(x_1', x_2', \cdots, x_k'\right)^{\mathrm{T}}, \boldsymbol{X}_2=\left(x_1'', x_2'', \cdots, x_k''\right)^{\mathrm{T}}$，由于 $\boldsymbol{X}=\left(x_1, x_2, \cdots, x_k, 0, \cdots, 0\right)^{\mathrm{T}}$ 中正坐标集中于前 k 个位置，后边 $n-k$ 个位置为零坐标，则在 $\boldsymbol{X}_1$ 和 $\boldsymbol{X}_2$ 中，正坐标也相应集中于前 k 个位置，零坐标均在后 $n-k$ 个位置，即有

$$\boldsymbol{X}_1=\left(x_1', x_2', \cdots, x_k', 0, \cdots, 0\right)^{\mathrm{T}}, \quad \boldsymbol{X}_2=\left(x''_1, x_2'', \cdots, x_k'', 0, \cdots, 0\right)^{\mathrm{T}}$$

于是有

$$x_1'\boldsymbol{P}_1+x_2'\boldsymbol{P}_2+\cdots+x_k'\boldsymbol{P}_k=\boldsymbol{b}$$

$$x_1''\boldsymbol{P}_1+x_2''\boldsymbol{P}_2+\cdots+x_k''\boldsymbol{P}_k=\boldsymbol{b}$$

两式相减，得

$$\left(x'_1-x''_1\right)\boldsymbol{P}_1+\left(x'_2-x''_2\right)\boldsymbol{P}_2+\cdots+\left(x'_k-x''_k\right)\boldsymbol{P}_k=\boldsymbol{0}$$

由于 $\boldsymbol{X}_1 \neq \boldsymbol{X}_2$，则 $x_j'-x_j'' \quad (j=1,2,\cdots,k)$ 总不会全为零。也就是说，存在一组不全为零的数，使上式成立，则 $\boldsymbol{P}_1$，$\boldsymbol{P}_2\cdots$，$\boldsymbol{P}_k$ 线性相关。

故 $\boldsymbol{X}$ 一定不是线性规划问题的基本可行解，假设不成立。

这就说明了线性规划问题的基本可行解和其可行解域 D 上的极点是一一对应的。

第二章　整数规划

第一节　基本概念

线性规划的决策变量 $\boldsymbol{X}$ 在向量空间 $\mathbf{R}^n$ 上连续取值，可以是整数也可以不是整数，但实际问题中，在许多情况下都要求决策变量必须取整数值，甚至只能取 0 或 1 的逻辑值，如决策变量 $\boldsymbol{X}$ 表示分派任务的人数、投资项目的个数等，为此在建立的线性规划模型中必须增加决策变量 $\boldsymbol{X}$ 取整数值的约束

$$LP \quad \max Z = \boldsymbol{CX}$$
$$\text{s.t.} \begin{cases} \boldsymbol{AX} \leqslant \boldsymbol{b} \\ \boldsymbol{X} \geqslant 0 \text{ 且取整数值} \end{cases} \tag{2-1}$$

这里的数学规划称为整数规划。如果所有的决策变量 $\boldsymbol{X}$ 必须取整数值，则称为纯整数规划；如果部分决策变量 $\boldsymbol{X}$ 必须取整数值，则称为混合整数规划；如果决策变量 $\boldsymbol{X}$ 只能取 0 或 1 两个特殊的整数值，则称为 0–1 规划。整数线性规划（Integer Linear Programming，ILP）是整数规划中最基本、最简单的。

由于决策变量的整值性使得线性规划和整数线性规划具有本质上的差异，给整数规划的求解带来了困难。至今，整数规划尚未有一个统一的有效的求解方法。为了说明这一点，下面介绍两个基本概念。

一、松弛

在整数规划中放弃对决策变量 $\boldsymbol{X}$ 的整值性约束，便得到由原整数规划的目标函数、结构限制条件、可行性条件构成的线性规划问题，即

$$LP \quad \max Z = \boldsymbol{CX}$$
$$\text{s. t.}\begin{cases}\boldsymbol{AX} \leqslant \boldsymbol{b} \\ \boldsymbol{X} \geqslant 0\end{cases} \tag{2-2}$$

称式（2-2）为式（2-1）的松弛问题。

整数规划的可行解域仅是其松弛问题可行解域的子集，线性规划问题的可行解域 $D = \{\boldsymbol{X} | \ \boldsymbol{AX} \leqslant b \text{ 且} \boldsymbol{X} \geqslant \boldsymbol{0}\}$ 是 $\mathbf{R}^n$ 中的一个凸集，即 $\mathbf{R}^n$ 中的单纯形，且具有连续性，即 D 中任意两个可行解连线上的所有的点均是线性规划问题的可行解，但整数规划的可行解域仅是 D 中具有整值性的格点，是离散的，所以求解松弛问题要比求解原来的整数规划问题简单得多，原整数规划问题的解和其松弛问题的解之间具有如下关系。

①若松弛问题无可行解，则原整数规划问题也一定没有可行解。

②若松弛问题的某个最优解是可行解，则它一定也是原整数规划问题的最优解。

③若松弛问题的最优解 $\boldsymbol{X}^*$ 不是原整数规划问题的可行解（$\boldsymbol{X}^*$ 不满足整值性），则其目标函数最优值 Z（$\boldsymbol{X}^*$）给出原整数规划问题目标函数最优值的一个界，如果原整数规划问题是求最大值，则给出其上界；如果原整数规划问题是求最小值，则给出其下界。

为此，在求解松弛问题的过程中，若其无可行解，可判断原整数规划问题也无可行解且无最优解；若松弛问题有最优解 $\boldsymbol{X}^*$，且此最优解也是原整数规划问题的可行解（$\boldsymbol{X}^*$ 满足整值性），则 $\boldsymbol{X}^*$ 一定也是原整数规划问题的最优解；否则此最优解 $\boldsymbol{X}^*$ 决定的目标函数值 $\boldsymbol{CX}^*$ 给出原整数规划问题目标函数最优值的一个界，若原整数规划问题求 $\max Z$ 则给出它的上界 Z，若原整数规划问题求 $\min W$ 则给出它的下界 Z。

二、衍生

由原规划问题依照某种方式产生的问题称为原问题的衍生问题，原问题称为母问题，衍生问题称为子问题，每个衍生问题都有一个产生此问题的直接前辈——母问题。

一个给定的母问题与由其直接产生的若干子问题的最优解之间存在某种关系，母问题至少与其子问题中的一个有相同的最优解。如果母问题有多个最优解，则其最优解的某一个非空子集必是它的子问题中某一个的最优解集，在这里用以产生衍生问题的手段通常是切割和分支。

最后，值得特别指出的是整数规划问题的解是否可以由先求出其松弛问题的最优解 $\boldsymbol{X}^*$ 后舍零取整而得到呢？其实不然，如整数规划问题：

$$\max Z = 5x_1 + 8x_2$$

$$\text{s.t.} \begin{cases} x_1 + x_2 \leqslant 6 \\ 5x_1 + 9x_2 \leqslant 45 \\ x_1, x_2 \geqslant 0 \text{ ，且取整值} \end{cases}$$

解其松弛问题得最优解 $x_1 = \dfrac{9}{4}$，$x_2 = \dfrac{15}{4}$，且 $\max Z = 41.25$，如图 2-1 所示。

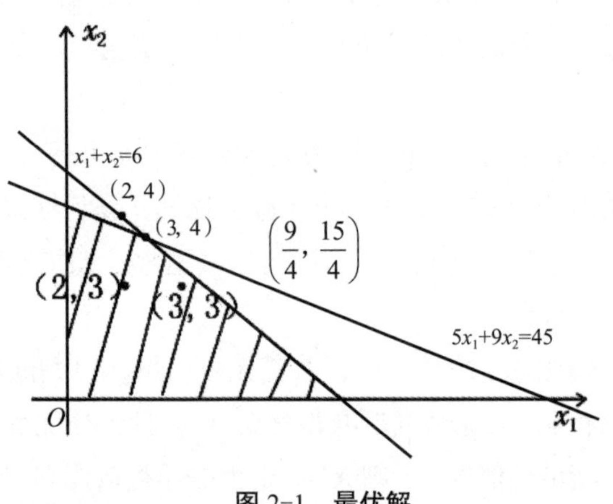

图 2-1　最优解

对 x_1，x_2 舍零取整可得格点（2，3）、（2，4）、（3，3）、（3，4）。显然（2，4）、（3，4）不在松弛问题的可行域内，不是松弛问题的可行解，自然也不会是原整数规划问题的可行解；（2，3）和（3，3）是松弛问题的可行解且具有整值性，也是原整数规划问题的可行解，但其目标函数值 $Z_1 = 5 \times 2 + 8 \times 3 = 34$，$Z_2 = 5 \times 3 + 8 \times 3 = 39$ 均并非原整数规划问题目标函数的最大值；格点（0，5）是原整数规划问题的最优解，目标函数 $\max Z = 5 \times 0 + 5 \times 8 = 40$。所以，对松弛后的线性规划问题最优解舍零取整并不能得到原整数规划问题最优解。

如何求出原整数规划问题的最优解？基本思路是若原整数规划问题的可行解域无界，则原整数规划问题无最优解；若原整数规划问题可行解域有界，则原整数规划问题的可行解——整数值格点个数有限。原则上，可以用枚举的方法，将每一个格点代入目标函数求出其值，通过比较可以求出问题的最优解。但当决策变量个数稍多时，实际操作是行不通的，这就需要构造巧妙的方法来枚举原整数规划问题的可行解（格点），通过对其中少量格点的枚举尽快找出原整数规划问题的最优解来。

第二节　分支定界法

分支定界法是通过“分支”和“定界”来寻求原整数规划问题的最优解，这种方法有较强的适应能力，可求解纯的或混合的整数规划，是目前较为成功的求解整数规划问题的一种方法。

一、分支

解原整数规划问题的松弛问题：

$$LP\ \max Z=\boldsymbol{CX}$$

$$\text{s.t.}\begin{cases}\boldsymbol{AX}\leqslant \boldsymbol{b}\\ \boldsymbol{X}\geqslant \boldsymbol{0}\end{cases}$$

得到最优解 $\boldsymbol{X}^*$ 和最优值 $\boldsymbol{Z}^*$。若 $\boldsymbol{X}^*$ 具有整值性，则 $\boldsymbol{X}^*$ 已是原整数规划问题的最优解；若 $\boldsymbol{X}^*$ 不具有整值性，即不是原整数规划问题的可行解，自然不会是原整数规划问题的最优解，则需要增加新的约束，缩小原整数规划问题的可行解域。在保存原整数规划问题可行解域中整数值格点的前提下，剔除可行解域中非整数值部分，得出原整数规划问题的衍生问题。具体做法是：令 x_i 是松弛问题的最优解 $\boldsymbol{X}^*$ 中取非整数值的决策变量，制造约束条件 $X_i\leqslant[x_i]$ 与 $X_i\geqslant[x_i]+1$，分别加入原整数规划问题中得到两个新的整数规划问题：

$$\text{ILP}_1\quad \max Z=\boldsymbol{CX}$$

$$\text{s. t.}\begin{cases}\boldsymbol{AX}\leqslant \boldsymbol{b}\\ X_i\leqslant[x_i]\\ X_i\geqslant 0\text{，且取整数值}\end{cases}$$

$$\text{ILP}_2\quad \max Z=\boldsymbol{CX}$$

$$\text{s. t.}\begin{cases} \boldsymbol{AX}\leqslant \boldsymbol{b} \\ X_i\geqslant [x_i]+1 \\ X_i\geqslant 0，\text{且取整数值} \end{cases}$$

需要强调的是，由于约束条件 $X_i\leqslant [x_i]$ 与 $X_i\geqslant [x_i]+1$ 剔除的只是可行解域中由 x_i 取非整数值产生的那部分可行解域 $([x_i]，[x_i]+1)$，并没有去掉整数值的格点。因此，凡是原整数规划问题可行解的整数值格点绝不会落在 $([x_i], [x_i]+1)$ 内，制造的约束条件 $X_i\leqslant [x_i]$ 与 $X_i\geqslant [x_i]+1$，虽然是将原整数规划问题的可行解域缩减了，但并没有丢掉原整数规划问题的任何一个整数值可行解，这种在松弛问题中分别增加约束条件 $X_i\leqslant [x_i]$ 与 $X\geqslant [x_i]+1$，构成原整数规划问题的两个衍生问题的过程称为分支，ILP_1 和 ILP_2 称为 ILP 的一对分支。

分支 ILP_1 和 ILP_2 又是新的整数规划，分别依上法求解这两个整数规划问题的松弛问题，这样通过求解一系列松弛问题最终得到原整数规划问题的最优解。

二、定界

设松弛问题的最优解为 $\boldsymbol{X}^*$，最优值为 $\boldsymbol{Z}^*$。若 $\boldsymbol{X}^*$ 具有整值性，则 $\boldsymbol{X}^*$ 也是原整数规划问题的最优解，$\boldsymbol{Z}^*$ 为原整数规划问题最优值；若 $\boldsymbol{X}^*$ 不具整值性，则 $\boldsymbol{X}^*$ 不是原整数规划问题的可行解，但其最优值 $\boldsymbol{Z}^*$ 给出原整数规划问题最优值的一个上界 $\bar{Z}$。

由于衍生问题 ILP_1 和 ILP_2 的可行解域仅是取掉了原整数规划可行解域中的非整值性部分，故原整数规划问题的最优解一定包含在 ILP_1 或 ILP_2 的可行解域内，即原整数规划问题的最优解一定会在衍生问题的最优解上取得。所以，若衍生问题有最优解 $\boldsymbol{X}_i^*$，则此 $\boldsymbol{X}_i^*$ 一定是原整数规划问题的一个备选的最优解，相应的目标函数值 $Z\left(\boldsymbol{X}_i^*\right)$ 一定是原整数规划问题最优值的一个下界 $\underline{Z}$。

所谓定界就是在分支过程中不断地寻找原整数规划问题的最小上界和最大下界，使原整数规划问题的某个备选最优解 $\boldsymbol{X}_i^*$ 的目标函数值 $Z\left(\boldsymbol{X}_i^*\right)$ 满足 $\underline{Z}=Z\left(\boldsymbol{X}_i^*\right)\leqslant\bar{Z}$，即 $\boldsymbol{X}_i^*$ 是所求原整数规划问题的最优解。

三、剪支

若原整数规划问题的松弛问题无可行解，可行解域是空集 $\varnothing$，自然也不存在整数值格点，则原整数规划问题无解。若松弛问题有无界解，即可行解域无界，则此时原整数规划问题的可行解域内存在无穷多个整数值格点。所以，原整数规划问题的目标函数值无界，原整数规划问题无解，对这样的衍生问题不再分支，而需要剪支。

在所有分支整数规划问题中，凡最优值 $Z_i^* \leqslant \underline{Z}$，$\underline{Z}$ 为原整数规划问题当前下界时，此分支整数规划问题不再分支，进行剪支。

最后，需要指出两个值得注意的问题。

第一，选择哪一个非整数值变量先进行分支是一个十分复杂而敏感的问题，分支变量的不同选取方式可能使整个问题计算的繁简程度不同，那么究竟怎样适当地选择分支变量呢？目前只能做到对目标函数值极大化。

①选择相应的松弛问题中具有最大分数值的变量先分支。

②如果目标函数值较大，则此线性规划问题的可行解域内包含着比较好的整数解，因此在待求解分支的变量中选择使目标函数值最大的变量先分支。

第二，剪支的原则。

①分支到获得某一相应松弛问题的整数值最优解，此支剪支。

②相应松弛问题无可行解或可行解域是空集，此支剪支。

③对目标函数值最大化的原整数规划问题，其相应松弛问题的最优值 $Z^* \leqslant \underline{Z}$（当前的下界），此支剪支；对目标函数值最小化的原整数规划问题，其相应松弛问题的最优值 $Z^* \geqslant \bar{Z}$（当前的上界），此支剪支。

第三节　割平面法

割平面法既可以求解纯整数规划又可以求解混合整数规划。从总的思路来看，割平面法和分支定界法类似，它也是在求解原整数规划问题的松弛问题的基础上不断增加新的约束，通过求解一系列线性规划问题最终得到原整数规划问题的整数值最优解。但在割平面法中，新的约束条件与分支定界法不同，在分支定界法中。增加的新约束条件是 $x_i \leqslant [b_i]$ 和 $x_i \geqslant [b_i]+1$；但在割平面法中，增加的新约束条件称作割平面。如何构造割平面，设有

$$\text{ILP}\quad \max Z=\sum_{j=1}^{n} c_j x_j$$

$$\text{s.t}\begin{cases}\sum_{j=1}^{n}a_{ij}x_j=b_i, i=1,2,\cdots,m\\ x_j\geqslant 0,\ \text{且取整值}, j=1,2,\cdots,n\end{cases}$$

假设 a_{ij} 和 b_i（i=1，2，…，m；j=1，2，…，n）皆为整数，否则就乘一个适当倍数将其化为整数，构造松弛问题：

$$LP\quad \max Z=\sum_{j=1}^{n}c_jx_j$$

$$\text{s.t.}\begin{cases}\sum_{j=1}^{n}a_{ij}x_j=b_i, i=1,2,\cdots,m\\ x_j\geqslant 0, j=1,2,\cdots,n\end{cases}$$

用单纯形方法解之，得最优单纯形表，如表 2-1 所示。

表 2-1　最优单纯形

	X_B	X_N	
C_B，X_B	E	$B^{-1}N$	$B^{-1}b$
	0	$C_N-C_BB^{-1}N$	$-C_BB^{-1}b$

即表 2-2。

表 2-2　最优单纯形的值

	x_1	…	x_i	…	x_m	x_{m+1}	…	x_n	
x_1	1	…	0	…	0	a_{1m+1}	…	a_{1n}	b_1
…	…	…	…	…	…	…	…	…	…
x_i	0	…	1	…	0	a_{im+1}	…	a_{in}	b_i
…	…	…	…	…	…	…	…	…	…
x_m	0	…	0	…	1	a_{mm+1}	…	a_{mn}	b_m

$$\text{可得 } x^*=\begin{cases}b_j,\ j\in B\\ 0,\ j\in N\end{cases}$$

若 b_j（j=1，2，…，n）具有整值，则其是原整数规划问题的可行解，故 $\boldsymbol{X}^*$ 也是原整数规划问题的最优解，若 b_j（j=1，2，…，n）中有不满足整值性的值，则 $\boldsymbol{X}^*$ 不是原整数规划问题的可行解，此时从 $\boldsymbol{X}^*$ 的非整数值分量中选取一个用以制造一个新的线性约束条件——割平面。不妨假设，若 $b_i(i\in B)$

不具整值性，则在原整数规划问题的最优单纯形表中，对应的约束方程为 $x_i + a_{im+1}x_{m+1} + \cdots + a_{in}x_n = b_i$，即 $x_i + \sum_{j\in N} a_{ij}x_j = b_i$，其中 x_i 和 x_j 依原整数规划问题要求应为整数，但由假设 b_i 取非整数，而 a_{ij} 可为整数也可不为整数。

用 $[a]$ 表示不超过实数 a 的最大整数，把所有 a_{ij} 和 b_i 都分解成一个整数和非负真分数之和，即有 $\bar{a}_{ij} = [a_{ij}] + f_{ij}, j\in N, \bar{b}_i = [b_i] + f_i$，其中 f_{ij} 是 $\bar{a}_{ij}$ 的非负真分数部分，有 $0\leqslant f_{ij} < 1, j\in N, f_i$ 是 $\bar{b}_i$ 的非负真分数部分，有 $0\leqslant f_i < 1$。由于变量具有非负性，即 $x_i, x_j \geqslant 0$，$j\in N$，并且将 $[a_{ij}] \leqslant \bar{a}_{ij}$ 代入方程 $x_i + \sum_{j\in N} a_{ij}x_j = b_i$ 有 $x_i + \sum_{j\in N}[a_{ij}]x_j \leqslant b_i$。

又因为在原整数规划问题中 $\boldsymbol{X}$ 具有整值性，故 $x_i + \sum_{j\in N}[a_{ij}]x_j \leqslant b_i$ 的左端必为整数，右端 $\bar{b}_i$ 用其整数部分 $[b_i]$ 代替后，该式仍成立，即 $x_i + \sum_{j\in N}[a_{ij}]x_j \leqslant [b_i]$。两式相减得 $\sum_{j\in N}(\bar{a}_{ij} - [a_{ij}])x_j \geqslant \bar{b}_i - [b_i]$，即 $\sum_{j\in N}([a_{ij}] + f_{ij} - [a_{ij}])x_j \geqslant [b_i] + f_i - [b_i] = f_i$，即有 $\sum_{j\in N} f_{ij}x_j \geqslant f_i$。

$\sum_{j\in N} f_{ij}x_j \geqslant f_i$ 称为对应于行 i（以 i 行为源行）的戈莫里（Gomory）割平面。

具体做法是，将 $x_i + \sum_{j\in N} a_{ij}x_j = b_i$ 中的 a_{ij} 和 b_i 分解，即

$$x_i + \sum_{j\in N}([a_{ij}] + f_{ij})x_j = [b_i] + f_i$$

并移项，得 $x_i + \sum_{j\in N}[a_{ij}]x_j - [b_i] = f_i - \sum_{j\in N} f_{ij}x_j$，其左端为整数，故右端 $f_i - \sum_{j\in N} f_{ij}x_j$ 也应是整数。由于 $0\leqslant f_i < 1$ 且 $\sum_{j\in N} f_{ij}x_j \geqslant 0$，所以必有 $f_i - \sum_{j\in N} f_{ij}x_j \leqslant 0$，从而得到 $-\sum_{j\in N} f_{ij}x_j \leqslant -f_i, \sum_{j\in N} f_{ij}x_j \geqslant f_i$。

割平面的性质有以下两个。

性质 2-1：割平面 $f_i - \sum_{j\in N} f_{ij}x_j \leqslant 0$（以第 i 行为源行的割平面）割去了原整数规划问题对应的松弛问题的基本最优解。

证明：设原整数规划问题的松弛问题的最优基为 $\boldsymbol{B}$=（$\boldsymbol{P}_1$，$\boldsymbol{P}_2$，…，$\boldsymbol{P}_n$），基本最优解为 $\boldsymbol{X_B} = \boldsymbol{B}^{-1}\boldsymbol{b} = (b_1, b_2, \cdots, b_m)$ $\boldsymbol{X_N}=\boldsymbol{0}$，即 $x_i=b_i$（i=1，2，…，m，x_j=0，$j\in N$），将后式代入割平面 $f_i - \sum_{j\in N} f_{ij}x_j \leqslant 0$ 得 $f_i - \sum_{j\in N} f_{ij} \times 0 \leqslant 0$，即 $f_i \leqslant 0$，这与 $0\leqslant f_i < 1$ 矛盾。

所以松弛问题的最优解不满足割平面，即割平面割去了原整数规划问题的松弛问题的基本最优解。

性质 2-2：割平面未割去原整数规划问题的任一可行解（整数格点）。

证明：这只需证明原整数规划问题的任一可行解均满足割平面 $f_i-\sum_{j\in N} f_{ij}x_j \leqslant 0$ 即可，实际上，设 $\boldsymbol{X}^0=\left(x_1^0,x_2^0,\cdots,x_n^0\right)$ 是原整数规划问题的任一可行解，则 $\boldsymbol{X}^0$ 必满足方程 $x_i^0=b_i-\sum_{j\in N} a_{ij}x_j^0$，$i=1,2,\cdots,m$。

设 $b_i=\left[b_i\right]+f_i, a_{ij}=\left[a_{ij}\right]+f_{ij}$ 且 $0\leqslant f_i<1$，$0\leqslant f_{ij}<1$，i=1，2，…，m，$j\in N$，则 $x_i^0=\left[b_i\right]-\sum_{j\in N}\left[a_{ij}\right]x_j^0+\left(f_i-\sum_{j\in N} f_{ij}x_j^0\right)$。

因为 $\boldsymbol{X}^0$ 是整数（原整数规划问题的可行解），故 $f_i-\sum_{j\in N} f_{ij}x_j^0$ 也必为整数，其中 $f_{ij}\geqslant 0, x_j^0\geqslant 0$, 且 $0\leqslant f_i<1$，所以 $f_i-\sum_{j\in N} f_{ij}x_j^0\leqslant 0$。

即原整数规划问题的任一可行解 $\boldsymbol{X}^0$ 均满足割平面。

如何选择一个“切割”强度最大的割平面是提高“切割”效果、减少切割次数的关键，这里给出一个衡量标准，对割平面：

$$f_i-\sum_{j\in N} f_{ij}x_j\leqslant 0, i\in B, j\in N$$

$$\max_i\left\{f_i \mid i\in B\right\}，\max_i\left\{\frac{f_i}{\sum_{j\in N} f_{ij}} \mid i\in B\right\}$$

直观来讲，在最优单纯形表中选择具有最大真分数部分的非整数基变量 x_i 所在行为源行构造割平面，往往可达到提高“切割”效果、减少“切割”次数的目的。

第四节　覆盖问题

有一类特殊的整数规划，它的决策变量 x_i 仅取 0 或 1 这两个数值，所以称其为 0-1 规划，称 x_i 为 0-1 变量或布尔变量。由于 0-1 变量具有一种重要功能选择性，实际问题中有很多逻辑现象如取与舍、开与关、有与无都需用此变量来描述，所以对 0-1 规划的研究，具有普遍性和特殊的重要性，覆盖问题是典型的最基本的 0-1 规划问题之一。

0-1 规划的数学模型标准形式为

$$\min W = \boldsymbol{CX}$$

$$\text{s.t.} \begin{cases} \boldsymbol{AX} \geqslant \mathbf{I} \\ \boldsymbol{X}，\text{其值为 0 或 1} \end{cases}$$

式中，$\boldsymbol{A}$ 是一个 0-1 矩阵，$\boldsymbol{C}$ 是正行向量，$\mathbf{I}$ 是分量全为 1 的列向量。事实上图论和网络流理论中的很多极值问题都可以归结为上述的 0-1 规划问题。求解这些问题的难易程度取决于矩阵 $\boldsymbol{A}$ 的结构。根据矩阵 $\boldsymbol{A}$ 的特殊形式建立特殊有效的解法是组合最优化研究的方向，它把组合论、图论和线性规划理论密切地联系在一起，下面介绍最有代表性的 0-1 规划问题——覆盖问题的一般解法。

一、化简规则

对于覆盖问题常常可以根据以下规则预先确定某些 x 的值或者去掉某些多余的约束条件，这些规则称为覆盖问题的化简规则。

规则 1：若矩阵 $\boldsymbol{A}$ 的某一行（i 行）是一个单位向量，即 $a_{ik}=1$，$a_{ij}=0$，$j \neq k$ 且 $j=1$，2，…，m，则对应的 $x_k=1$（必须取 1），即表示第 i 个目标仅可由第 k 点去覆盖，故此时必须令 $x_k=1$。由于固定变量 $x_k=1$，则在第 k 列上凡是取 1 的元素所在行上所对应的目标必然会同时被 $x_k=1$ 覆盖。这些行的约束条件都已满足，故问题得到解决。因此可将第 k 列和这些行（凡 k 列上元素都为 1 的所在行）划掉。

规则 2：若矩阵 $\boldsymbol{A}$ 中有两行：s 行和 t，且 $a_{sj} \geqslant a_{tj} (j=1,2,\cdots,n)$，则第 s 行可在矩阵 $\boldsymbol{A}$ 中划掉。因为凡在 t 行中，若有元素 $a_{tl}=1$，则取 $x_l=1$ 能覆盖住第 t 个目标洞；在 s 行中，若有元素 $a_{sl} \geqslant a_{tl}=1$，即 s 行上与 a_{tl} 相对应的元素必须取值为 1。这就是说 $x_l=1$ 同样也可以覆盖住第 s 个目标，第 s 个约束条件自然得到满足，故此约束是多余的，可以把第 s 行从矩阵 $\boldsymbol{A}$ 中划去。

规则 3：若矩阵 $\boldsymbol{A}$ 中有两列：l 列和 k 列，其元素之间有 $a_{il} \geqslant a_{ik} (i=1,2,\cdots,m)$ 并且 $c_l \leqslant c_k$，则第 k 列可以从矩阵 $\boldsymbol{A}$ 中划去，即固定变量 $x_k=0$。由于 $a_{il} \geqslant a_{ik}$，若 $a_{ik}=1$ 则 $a_{il}=1$，若 $a_{ik}=0$ 且 $a_{il}=1$，这表示凡固定变量 $x_l=1$ 覆盖住第 i 个目标的能力大于 $x_k=1$ 覆盖住第 i 个目标的能力，并且 $c_l \leqslant c_k$，就表示用 $x_l=1$ 覆盖目标 i 的成本小于用 $x_k=1$ 覆盖目标 i 的成本。所以，此时应用 $x_l=1$ 覆盖目标 i 优于用 $x_k=1$ 去覆盖，故固定变量 $x_k=0$。

二、覆盖问题的解

设覆盖问题的决策变量 $X=(x_1,x_2,\cdots,x_n)$，对由 X 的分量｛x_j｝构成任意一个子集合 $S=(x_{j1},x_{j2},\cdots,x_{jt})$，定义 X（S）=$(x_1,x_2,\cdots,x_n)$，且使 $x_j=\begin{cases}1, & x_j\in S\\0, & x_j\notin S\end{cases}$。如果 X（S）满足覆盖问题的约束方程组 $AX=I$，则称 X（S）是覆盖问题的一个可行解，称 S 为覆盖问题的一个覆盖。

在覆盖 S 中，若有一个指标 j^* 满足 $\sum_{j\in S}a_{ij}-a_{ij^*}\geqslant 1(i=1,2,\cdots,m)$，则称 j^* 为覆盖 S 中的过剩指标；如果指标 j^* 在 S 中过剩，则 S-j^* 仍然是覆盖问题的一个覆盖。这就是说，若选取一个覆盖 $S=(x_{j1},x_{j2},\cdots x_{js})$ 对所有目标 i 有 $\sum_{j\in S}a_{ij}-a_{ij^*}\geqslant 1$，即没有 x_{j^*}=1 也可以把第 i 个目标覆盖住。所以，固定 x_{j^*}=1 是没有必要的、过剩的覆盖。

一个不含有过剩指标的覆盖 S^0 称为基本覆盖，则由基本覆盖构成的问题（P）的可行解 X（S^0）称为覆盖问题的基本可行解。

定理 2-1：覆盖 S 的指标 j^* 不是过剩指标的充分必要条件是 $\left\{i\middle|\sum_{j\in S}a_{ij}-a_{ij^*}=0\right\}\neq\varnothing$，即至少有一个目标 i 需要固定 x_{j^*}=1 去覆盖。

由于 $C_j>0$（j=1，2，…，n），故原覆盖问题的一个最优解必对应于一个基本覆盖。

三、覆盖问题最优解

如何判断所得到的基本覆盖 S 确定的基本可行解 X（S）是最优的，基本覆盖 S 形成原覆盖问题的松弛问题的一个单位基，为此重新排列矩阵 A 并确定对应于基 B 的 C_B 和 C_N

$$A=\begin{pmatrix}S\text{ 列} & \text{非 }S\text{ 列}\\ E & A_{12}\\ A_{21} & A_{22}\end{pmatrix},\ C=(C_B|\ C_N)$$

同时可以确定原覆盖问题对应的基本可行解 X（S）的基阵和非基阵：

$$B=\begin{pmatrix}E & O\\ A_{21} & -E\end{pmatrix},A_{12}=\left(B^{-1}N\right)=\left(B^{-1}P_j|\ j\notin S\right)$$

基 $\boldsymbol{B}$ 具有特殊性：$\boldsymbol{B}^{-1}=\boldsymbol{B}=\begin{pmatrix}\boldsymbol{E} & \boldsymbol{O}\\ \boldsymbol{A}_{21} & -\boldsymbol{E}\end{pmatrix}$，故得到基本可行解 $\boldsymbol{X}(S)$ 的最优性的检验条件：

$$\boldsymbol{C}_N-\boldsymbol{C}_B\boldsymbol{B}^{-1}\boldsymbol{N}=\boldsymbol{C}_N-\boldsymbol{C}_B\boldsymbol{B}\boldsymbol{N}=\boldsymbol{C}_N-\boldsymbol{C}_B\boldsymbol{A}_{12}\geqslant\boldsymbol{0}$$

则 $\boldsymbol{B}$ 是最优基，$\boldsymbol{X}(S)$ 为最优解，否则 $\boldsymbol{X}(S)$ 不是最优解。为此，令 $Q=\left\{j|\ \boldsymbol{C}_j-\boldsymbol{C}_B\boldsymbol{P}_j<\boldsymbol{0}, j\notin S\right\}$，制造覆盖问题的割平面 $\sum\limits_{j\in Q}x_j\geqslant 1$。

在覆盖问题中增加割平面 $\sum\limits_{j\in Q}x_j\geqslant 1$，则得新的覆盖问题：

$$P_1\quad \min W=\boldsymbol{CX}$$

$$\text{s.t.}\begin{cases}\boldsymbol{AX}\geqslant\boldsymbol{I}\\ \sum\limits_{j\in Q}x_j\geqslant 1\\ x_j,\ \ 0\text{或}1\end{cases}$$

重复上述过程从而得到覆盖问题的割平面解法，对覆盖问题：

$$\boldsymbol{P}\ \min W=\boldsymbol{CX}$$

$$\text{s. t.}\begin{cases}\boldsymbol{AX}\geqslant\boldsymbol{I}\\ \boldsymbol{X},\ \ 0\text{或}1\end{cases}$$

基本步骤如下：

①若 $\boldsymbol{A}$ 中有一行全为 0，则覆盖问题无可行解，否则 2。

②应用化简规则化简覆盖问题的矩阵 $\boldsymbol{A}$，求覆盖问题的一个基本覆盖 S。

③根据基本覆盖 S，确定一个基本可行解 $\boldsymbol{X}(S)$，并判断其最优性，为此调整矩阵 $\boldsymbol{A}$，即

$$\boldsymbol{A}=\begin{pmatrix}S\text{列} & \text{非}S\text{列}\\ \boldsymbol{E} & \boldsymbol{A}_{12}\\ \boldsymbol{A}_{21} & \boldsymbol{A}_{22}\end{pmatrix},\ \boldsymbol{C}=\left(\boldsymbol{C}_B|\ \boldsymbol{C}_N\right)$$

取对应于 $\boldsymbol{X}(S)$ 的基阵：

$$\boldsymbol{B}=\begin{pmatrix}\boldsymbol{E} & O\\ \boldsymbol{A}_{21} & -\boldsymbol{E}\end{pmatrix},(\boldsymbol{A}_{12})=\left(\boldsymbol{B}^{-1}\boldsymbol{N}\right)$$

若 $\boldsymbol{C}_N-\boldsymbol{C}_B\boldsymbol{A}_{12}\geqslant\boldsymbol{0}$，则 $\boldsymbol{X}(S)$ 是覆盖问题的最优解；若 $\boldsymbol{C}_N-\boldsymbol{C}_B\boldsymbol{A}_{12}<0$，则 $\boldsymbol{X}(S)$ 不是覆盖问题的最优解。

④令 $Q=\left\{j|\ \boldsymbol{C}_j-\boldsymbol{C}_B\boldsymbol{P}_j<\boldsymbol{0}, j\notin S\right\}$。

构造割平面，$\sum\limits_{j\in Q}x_j\geqslant 1$，加入原覆盖问题，则得一个新的覆盖问题：

$$P_1\quad \min W=\boldsymbol{CX}$$

$$\text{s. t.}\begin{cases}\boldsymbol{AX}\geqslant\boldsymbol{I}\\ \sum\limits_{j\in Q}x_j\geqslant 1\\ x_j,0\text{或}1\end{cases}$$

返回步骤①，重复上述步骤。

第五节 0-1 目标规则

在经济管理中，决策者往往会面对多个目标。在这种情况下，决策者并不是满足其中某一个目标绝对的最优化，而是根据实际需要使多个目标依其重要性尽可能地达到最满意——优化。目标规划是解决这类问题的有效，如果在多目标决策问题中，决策者面对一些方案项目需要进行抉择。如针对几个投资项目要作出抉择，对于第 j 个项目只能有“要”和“不要”两种选择。不能有要一半、要 80% 之类的选择。此时，可以用 0-1 变量来表示这种抉择：

$$x_j=\begin{cases}1,\ \text{表示选择第j项投资}\\ 0,\ \text{表示不选择第j项投资}\end{cases}$$

在目标规划中，如果决策变量 x_j 是表示决策者进行抉择的 0-1 变量，则这样的目标规划就是 0-1 目标规划。它既有目标规划多个目标的特征，又带有 0-1 变量的抉择功能，成为解决具有选择性的多目标决策问题的有效工具。

一般而言，目标规划可以用单纯形方法求解，但是当决策变量的个数 n 较大时，计算量会很大，从而使实际操作无法行通。0-1 目标规划中，决策变量 x_j 是 0-1 变量，那么是否可以利用 0-1 规划的隐枚举法来求解。由于目标是多个且某些目标之间相互矛盾冲突，无法制造统一的过滤条件来过滤某些可行解的集合。为此，根据 0-1 目标规划中，目标是多个和决策变量是 0-1 变量的特征，给出一种新算法。这种新算法的基本思想是在依次找到可行解的同时，也找到了尽可能使各优先级目标达优的最优解——最满意解。

对有 n 个 0-1 变量的目标规划问题，所有可能解为

$$\boldsymbol{X}^k=\left(x_1,x_2,\cdots,x_n\right)，\ k=0,1,2,\cdots,2^n-1$$

式中，x_j（j=1，2，…，n）取 0 或 1。

为了不重复、不遗漏地把所有可能解列出来，这里把可能解的个数（非负整数）用二进制数表示出来，即

$$k=2^{n-1}x_1+2^{n-1}x_2+\cdots+2^2x_{n-2}+2^1x_{n-1}+2^0x_n$$

令 $k=0,1,2,\cdots,2^n-1$，即可将所有可能解向量 $\boldsymbol{X}^k=\left(x_1,x_2,\cdots,x_n\right)$ 方便地表示出来。例如，k=7，则 $7=0\times2^{n-1}+0\times2^{n-2}+\cdots+1\times2^2+1\times2+1\times2^0$，即有 $\boldsymbol{X}^7=(0,0,\cdots,1,1,1)$。

若 $\boldsymbol{X}^k$ 为列向量，则可以把所有可能解向量构成一个可能解矩阵：

$$\boldsymbol{F}=\left(\boldsymbol{X}^0,\boldsymbol{X}^1,\boldsymbol{X}^2,\cdots,\boldsymbol{X}^{2^n-1}\right)$$

例如，有 3 个 0-1 变量的 0-1 目标规划的所有可能解矩阵为

$$\boldsymbol{F}=\begin{pmatrix}0&0&0&0&1&1&1&1\\0&0&1&1&0&0&1&1\\0&1&0&1&0&1&0&1\end{pmatrix}\begin{vmatrix}2^2\\2^1\\2^0\end{vmatrix}$$

现在给出 0-1 目标规划的求解步骤：

①取 $\boldsymbol{P}_1$，根据 $\boldsymbol{P}_1$ 中涉及的 $\boldsymbol{d}_i^-(k)$ 和 $\boldsymbol{d}_i^+(k)$ 的下标 i，计算表 2-3。

表 2-3

k	0，1，2，…，2^n-1
$\boldsymbol{C}_i(k)$	$\boldsymbol{C}_i(k)=\boldsymbol{b}_i-\sum_{j=1}^{n}a_{ij}\boldsymbol{F}$
$\boldsymbol{d}_i^-(k)$	若 $\boldsymbol{C}_i(k)\geqslant\boldsymbol{0}$，则取 $\boldsymbol{d}_i^-(k)=\max\{\boldsymbol{0},\boldsymbol{C}_i(k)\},\boldsymbol{d}_i^+(k)=\boldsymbol{0}$
$\boldsymbol{d}_i^+(k)$	若 $\boldsymbol{C}_i(k)<\boldsymbol{0}$，则取 $\boldsymbol{d}_i^+(k)=\max\{\boldsymbol{0},-\boldsymbol{C}_i(k)\},\boldsymbol{d}_i^-(k)=\boldsymbol{0}$

为使 $\boldsymbol{P}_1$ 达到优化，过滤出使 $\min_{k\subset J_1}Z_1=\min\left\{\boldsymbol{P}_1\boldsymbol{W}\boldsymbol{d}\mid k\in J_o\right\}=\min\left\{\boldsymbol{P}_1\boldsymbol{W}\boldsymbol{d}\right\}=0$ 的可能解向量集合 $\left\{\boldsymbol{X}^k,\boldsymbol{d}_i^-(k),\boldsymbol{d}_i^+(k)\mid k\in J_1\subset J_o\right\}$，既满足约束条件又使 $\boldsymbol{P}_1$ 达成最优的可能解向量集合。

②依此法对 $\boldsymbol{P}_2,\boldsymbol{P}_3,\cdots,\boldsymbol{P}_r$ 依次进行计算，得到的 $\left\{\boldsymbol{X}^k,\boldsymbol{d}_i^-(k),\ \boldsymbol{d}_i^+(k)|\ k\in J_r\right\}$ 就是 0-1 目标规划的最优解——最满意解。

$\left\{\boldsymbol{X}^k,\boldsymbol{d}_i^-(k),\boldsymbol{d}_i^+(k)|\ k\in J_r\right\}$ 依次满足规划问题的所有约束条件，即 0-1 目标规划的可行解集合，同时 $\left\{\boldsymbol{X}^k,\boldsymbol{d}_i^-(k),\boldsymbol{d}_i^+(k)|\ \ k\in J_r\right\}$ 又依次保证各优先级 $\boldsymbol{P}_1,\boldsymbol{P}_2,\cdots,\boldsymbol{P}_r$ 目标达优或尽可能地在不劣化前面优先级目标的前提下达到优化。因此，$\left\{\boldsymbol{X}^k,\boldsymbol{d}_i^-(k)\right.$，$\left.\boldsymbol{d}_i^+(k)|\ k\in J_r,i=1,2,\cdots,r\right\}$ 是所寻求的 0-1 目标规划的最优解。

第三章　正则形方法

第一节　正则形方法的迭代描述

这里提出的正则形方法，其基本思想是通过对约束方程进行等价变形，让不满足非负要求或上、下界限制的某一个基变量变成非基变量，而选某一个非基变量变成基变量；在迭代过程中，保持当前得到的解的正则性，逐步消除它的不可行性，也就是说，逐步满足非负要求和上、下界限制，得到一个正则解，满足了非负要求和上、下界限制，可得到一个可行解，从而得到最优解。

一、初始基变量的获得

为了叙述的方便，下面进一步明确线性规划问题可行解与正则解的相关概念。先给出新的线性规划问题的标准形：

$$\max f = c_1x_1 + c_2x_2 + \cdots + c_nx_n \tag{3-1}$$

满足

$$\begin{cases} \left.\begin{array}{l} a_{11}x_1 + a_{12}x_2 + \cdots + a_{1n}x_n = b_1 \\ a_{21}x_1 + a_{22}x_2 + \cdots + a_{2n}x_n = b_2 \\ \cdots\cdots \\ a_{m1}x_1 + a_{m2}x_2 + \cdots + a_{mn}x_n = b_m \end{array}\right\} ① \\ u_i \geqslant x_i \geqslant v_i \geqslant 0, i = 1,2,\cdots,n \qquad ② \\ x_i \geqslant 0, i = 1,2,\cdots,n \qquad ③ \end{cases}$$

其中：式（3-1）称作目标函数，①称作约束方程，②称作上、下界限制，③称为非负要求。这里，$c_1,c_2,\cdots,c_n$ 称作目标函数中决策变量的系数；b_1，b_2，…，b_m 称作约束等式的常数项；而 $a_{11},a_{12},\cdots,a_{mn}$ 称作约束等式中决策变量的系数；所有这些 c_j，b_i，a_{ij}（i=1，2，…，m；j=1，2，…，n）都是已知的常数，都没有上、下界的限制和正负符号要求。约束方程的系数矩阵如下：

$$\boldsymbol{A}=\begin{pmatrix} a_{11} & a_{12} & \cdots & a_{1n} \\ a_{21} & a_{22} & \cdots & a_{2n} \\ \vdots & \vdots & & \vdots \\ a_{m1} & a_{m2} & \cdots & a_{mn} \end{pmatrix}$$

这是一个 $m\times n$ 阶矩阵，设矩阵 $\boldsymbol{A}$ 的秩为 m，$m<n$。不妨设 $\boldsymbol{A}$ 中与 $x_{B_1},x_{B_2},\cdots,x_{B_i},\cdots,x_{B_m}$ 等 m 个变量对应的 m 个列向量线性无关，则可以将这 m 个变量解出来，也就是它们可以写成其他 $n-m$ 个变量的线性表达式。再将这些线性表达式代入式（3-1），则可以得到目标函数用这 $n-m$ 个变量表示的线性表达式。将 $x_{B_1},x_{B_2},\cdots,x_{B_i},\cdots,x_{B_m}$ 称作基变量，而将其余 $n-m$ 个变量称作非基变量，用 R 表示这些非基变量的下标志组成的集合，从而有

$$\max f=y_{00}+\sum_{j\in R}y_{0j}x_j \tag{3-2}$$

满足

$$\begin{aligned} x_{B_1}&=y_{10}+\sum_{j\in R}y_{1j}x_j \\ x_{B_2}&=y_{20}+\sum_{j\in R}y_{2j}x_j \\ &\cdots\cdots \\ x_{B_i}&=y_{i0}+\sum_{j\in R}y_{ij}x_j \\ &\cdots\cdots \\ x_{B_m}&=y_{m0}+\sum_{j\in R}y_{mj}x_j \end{aligned} \tag{3-3}$$

在目标函数的表达式（3-2）中，非基变量 x_j 的系数为 y_{0j}，又称为非基变量 x_j 的检验数。这就是标准典则形式。

二、基本正则解的概念

这里，针对新的线性规划问题，给出可行解、基本解、基本正则解、最优

解的概念和性质。

可行解：如果一组变量的取值$\bar{\boldsymbol{x}}=(\bar{x}_1,\bar{x}_2,\cdots,\bar{x}_n)$满足①②③，则称$\bar{\boldsymbol{x}}$为新的线性规划问题的一组可行解。

基本解：如果一组变量的取值$\bar{\boldsymbol{x}}=(\bar{x}_1,\bar{x}_2,\cdots,\bar{x}_n)$，可以写成式（3-3）的形式，则称$\bar{\boldsymbol{x}}$为新的线性规划问题的一组基本解。如果一组基本解又满足②③，则称$\bar{\boldsymbol{x}}$为新的线性规划问题的一组基可行解。

基本正则解：设$\bar{\boldsymbol{x}}=(\bar{x}_1,\bar{x}_2,\cdots,\bar{x}_n)$是新的线性规划问题的一组基本解，如果同时满足以下条件，则称该基本解为新的线性规划问题的正则解：每个非基变量$x_j(j\in R)$都取其下界值v_j，或取其上界值u_j；当x_j取下界值时，该非基变量x_j在目标函数表达式（3-2）中的系数$y_{0j}\leqslant 0$；当x_j取上界值时，该非基变量x_j在目标函数表达式（3-2）中的系数$y_{0j}\geqslant 0$。

也就是说，在正则解中，取下界值的非基变量x_j，其检验数$y_{0j}\leqslant 0$；取上界值的非基变量x_j，其检验数$y_{0j}\geqslant 0$。

用R_1表示取下界值的非基变量（有时简称第一类非基变量）的下标集合，用R_2表示取上界值的非基变量（有时简称第二类非基变量）的下标集合。

式（3-2）和式（3-3）分别可以写成该正则解所对应的表达式：

$$f=y_{00}+\sum_{j\in R_1}y_{0j}x_j+\sum_{j\in R_2}y_{0j}x_j \tag{3-4}$$

$$x_{B_i}=y_{i0}+\sum_{j\in R_1}y_{ij}x_j+\sum_{j\in R_2}y_{ij}x_j \tag{3-5}$$

式中：

$$y_{0j}\leqslant 0,\quad j\in R_1$$
$$y_{0j}\geqslant 0,\quad j\in R_2$$

实际上，在式（3-2）和式（3-3）的基础上很容易得到基本可行解。观察式（3-2）中的非基变量的系数的符号，分别确定非基变量取下界值还是取上界值，从而得到式（3-4）和式（3-5）。确定了非基变量的取值后，即可计算目标函数值以及各基变量的取值，这样就得到了一个基本正则解。但是需要注意，这个基本正则解不一定是可行解。因为，虽然两类非基变量都分别取下界值和上界值，满足非负要求，但是每个基变量的取值，就不一定满足该基变量的上、下界限制和非负要求。

最优解：如果由式（3-4）和式（3-5）所给出的基本正则解中，每个基变量的取值都满足上、下界限制和非负要求，则这个基本正则解就是可行解，也是最优解。

证明如下：假设这样得到的一组解 $\boldsymbol{x}^*$，每个决策变量的取值都满足非负要求和上、下界限制，其目标函数值表达式可以写成：

$$f(\boldsymbol{x}^*) = \text{常数} f_0 + \sum_{\text{上界变量}} |y_{0j}| u_j - \sum_{\text{下界变量}} |y_{0j}| v_j \qquad (3\text{-}6)$$

而对于任意另外一个可行解 $\bar{\boldsymbol{x}}$ 来说，设 $\bar{\boldsymbol{x}} = (\bar{x}_1, \bar{x}_2, \cdots, \bar{x}_j, \cdots, \bar{x}_n)$，目标函数值表达式可以写成：

$$f(\bar{\boldsymbol{x}}) = \text{常数} f_0 + \sum_{\text{上界变量}} |y_{0j}| \bar{x}_j - \sum_{\text{下界变量}} |y_{0j}| \bar{x}_j \qquad (3\text{-}7)$$

由于 $|y_{0j}| \geqslant 0$，又由于 $v_j \leqslant \bar{x}_j \leqslant u_j$，对 $\boldsymbol{x}^*$ 中所有非基变量都成立，所以 $f(x^*) \geqslant f(\bar{\boldsymbol{x}})$。

三、初始基本正则解的获得

令目标函数中检验数 $y_{0j} > 0$ 的非基变量 x_j 取上界值 u_j；令目标函数中检验数 $y_{0j} < 0$ 的非基变量 x_j 取下界值 v_j。

对于检验数 $y_{0j}=0$ 的非基变量，有两种处理办法：在目标函数表达式中，或者写成 $+0 \cdot x_j$，把 x_j 看作取上界值的非基变量；或者写成 $-0 \cdot x_j$，把 x_j 看作取下界值的非基变量。然后将这些非基变量的取值代入约束方程，求出基变量的取值，从而得到一组解。

将式（3-4）和式（3-5）填入表 3-1，这是一个初始的基本正则解。

表 3-1　初始的基本正则解

正则解	常数项	x_j，$j \in R_1$ (v_j)	(u_j) x_j，$j \in R_2$	取值
$f=$	y_{00}	$+y_{0j}x_j$（$y_{0j} \leqslant 0$）	$+y_{0j}x_j$（$y_{0j} \geqslant 0$）	$y_{00} + \sum_{j \in R_1} y_{0j} v_j + \sum_{j \in R_2} y_{0j} u_j = \bar{f}$
…	…	…	…	…
$x_{B_i}=$	y_{i0}	$+y_{ij}x_j$	$+y_{ij}x_j$	$y_{i0} + \sum_{j \in R_1} y_{ij} v_j + \sum_{j \in R_2} y_{ij} u_j = \bar{x}_{B_i}$
$x_{B_r}=$	y_{r0}	$+y_{rj}x_j$	$+y_{rj}x_j$	$y_{r0} + \sum_{j \in R_1} y_{rj} v_j + \sum_{j \in R_2} y_{rj} u_j = \bar{x}_{B_r}$
…	…	…	…	…

表 3-1 中的最后一列称为取值列，给出了目标函数的取值以及各基变量的取值。

如果取值列中给出的每个基变量的取值 $\bar{x}_{B_i}$，都满足

$$u_{B_i} \geqslant \bar{x}_{B_i} \geqslant v_{B_i}, \quad i = 1,2,\cdots,m$$

则这组初始的基本正则解也是可行解，据上所述就是最优解。

为了计算简便，通常对非基变量所在列只简写其系数。

四、正则性下寻找最优解的迭代规则

如果某个 $\bar{x}_{B_r}$ 不满足上、下界限制，则进行迭代，迭代的规则如下。

（1）如果 $\bar{x}_{B_r} < v_{B_r}$，则令 x_{B_r} 出基，出基后变成取下界值 x_{B_r} 的非基变量，进基变量的选取由式（3-8）确定：

$$\max\left\{\max_{j \in R_1}\left\{\frac{y_{0j}}{y_{rj}}, y_{rj} > 0\right\},\ \max_{j \in R_2}\left\{\frac{y_{0j}}{y_{rj}}, y_{rj} < 0\right\}\right\} = \frac{y_{0k}}{y_{rk}} \qquad (3\text{-}8)$$

不妨设选定让 x_k 进基。

（2）如果 $\bar{x}_{B_r} > u_{B_r}$，则令 x_{B_r} 出基，出基后变成取上界值 u_{B_r} 的非基变量，进基变量的选取由式（3-9）确定：

$$\min\left\{\min_{j \in R_1}\left\{\frac{y_{0j}}{y_{rj}}, y_{rj} < 0\right\},\ \min_{j \in R_2}\left\{\frac{y_{0j}}{y_{rj}}, y_{rj} > 0\right\}\right\} = \frac{y_{0k}}{y_{rk}} \qquad (3\text{-}9)$$

不妨选定让 x_k 进基。

在表 3-1 中，出基行与进基列对应的位置上的系数 y_{rk} 称作迭代的枢纽元素。然后，从 x_{B_r} 的表达式

$$x_{B_r} = y_{r0} + \sum_{j \in R_1} y_{rj} x_j + \sum_{j \in R_2} y_{rj} x_j$$

中解出 x_k，并将其代入式（3-8）和式（3-9），得到一个新的基本正则解表达式。

将这个新的基本正则解表达式，列入基本正则解表中，原来的非基变量变成基变量；其他的非基变量仍保持原来的非基变量的分类，原来的基变量 x_{B_r} 变成非基变量。最后补上取值列。

五、正则形方法的迭代步骤

现在总结一下正则形方法的主要步骤。

①选取基变量，确定非基变量的上、下界取值。有的线性规划问题，在约束条件中，就给出了每个变量的上、下界；有的线性规划问题，没有明确给出每个变量的精确上、下界，但可以对每个变量，设定一个比较宽泛的上、下界，如将变量的下界设定为 0，将某个变量的上界设为一个充分大的数 M。

②建立初始正则解表格。将基变量的表达式、目标函数的表达式填入初始的基本正则解表格。目标函数的表达式中非基变量的系数为正数时，称为取上界值的非基变量；目标函数的表达式中非基变量的系数为负数时，称为取下界值的非基变量；目标函数的表达式中非基变量的系数为 0 时，可将其定为 +0 或 -0，若选定为 +0，则应令其对应的非基变量为取上界值的非基变量，若选定为 -0，则应令其对应的非基变量为取下界值的非基变量。

③计算基变量取值。根据确定的非基变量的取值，在初始基本正则解表格上，计算基变量的取值、目标函数的取值。

④检查基变量的取值是否满足上、下界限制和非负要求。如果所有基变量的取值都满足，则得到最优解；如果基变量 x_i 的取值不满足，则令 x_i 出基，选取进基变量进行迭代；如果进基变量的候选集合是空的，则原问题无解。

⑤计算结束。计算结束有三种形式：一是得到最优解（唯一最优解或多重最优解）；二是判定原问题无解；三是当某些非基变量无上界时，在某一迭代过程中检查时发现，无论那些无上界的非基变量取多么大的数值，所有基变量的取值总满足上、下界限制和非负要求，而目标函数的取值趋近于无穷大。这时，原问题存在可行解，但无最优解，计算结束。

第二节　正则形方法的正确性证明

定理 3-1：经过一次迭代以后，目标函数值下降，并且得到的解仍然是一个基本正则解。

定理 3-2：如果在迭代过程中，目标函数中所有非基变量的检验数都是非零的，则每次迭代都能保证目标函数值严格下降。

称检验数为零的情况为退化情况。在退化情况下，一次迭代后，目标函数值不下降，而是保持不变，此时可能存在多重解。

定理 3-3：在非退化情况下，采用有限次迭代，可得到最优解；或者进行到某步，进基变量的候选集为空集，则说明原问题无解；或者目标函数的取值随着迭代而趋于无穷。这时，原问题的可行域无界。

以上定理需要证明以下四种情况成立。

①$\bar{x}_r < v_r$，x_k 原来属于取下界值的非基变量。

②$\bar{x}_r < v_r$，x_k 原来属于取上界值的非基变量。

③$\bar{x}_r > u_r$，x_k 原来属于取下界值的非基变量。

④$\bar{x}_r > u_r$，x_k 原来属于取上界值的非基变量。

一、证明情况（1）

已知正则形表 3-2。

表 3-2　正则形

正则解	常数项	x_j，$j \in R_1$ (v_j)	x_k（v_k）	(u_j) x_j，$j \in R_2$	取值
f=	y_{00}	$+y_{0j}x_j$（$y_{0j} \leqslant 0$）	$y_{0k}x_k$	$+y_{0j}x_j$（$y_{0j} \geqslant 0$）	$y_{00} + \sum\limits_{j \in R_1} y_{0j}v_j + y_{0k}v_k + \sum\limits_{j \in R_2} y_{0j}u_j = \bar{f}$
…	…	…	…	…	…
x_{B_i}=	y_{i0}	$+y_{ij}x_j$	$y_{ik}x_k$	$+y_{ij}x_j$	$y_{i0} + \sum\limits_{j \in R_1} y_{ij}v_j + \sum\limits_{j \in R_2} y_{ij}u_j = \bar{x}_{B_i}$
x_r=	y_{r0}	$+y_{rj}x_j$	$y_{rk}x_k$	$+y_{rj}x_j$	$y_{r0} + \sum\limits_{j \in R_1} y_{rj}v_j + y_{rk}v_k + \sum\limits_{j \in R_2} y_{rj}u_j = \bar{x}_r$
…	…	…	…	…	…

设 $\bar{x}_r < v_r$，$y_{0k} \leqslant 0$，$y_{rk} > 0$，根据迭代规则，令 x_r 出基，进基变量的选取由下式确定：

$$\frac{y_{0k}}{y_{rk}} = \max_{j \in R_1}\left\{\frac{y_{0j}}{y_{rj}}, y_{rj} > 0\right\} \geqslant \max_{j \in R_2}\left\{\frac{y_{0j}}{y_{rj}}, y_{rj} < 0\right\}$$

选 x_k 进基。

以 y_{rk} 为枢轴变量，进行迭代后得到新的正则形表，如表 3-3 所示。

表 3-3 迭代后的正则形

正则解	常数项	x_j, $j\in R_1$ (v_j)	x_k (v_k)	(u_j) x_j, $j\in R_2$	取值
$f=$	$y_{00}-\dfrac{y_{r0}}{y_{rk}}y_{0k}$	$+\left(y_{0j}-\dfrac{y_{rj}}{y_{rk}}y_{0k}\right)x_j$ ($y_{0j}\leqslant 0$)	$\dfrac{y_{0k}}{y_{rk}}x_r$	$+\left(y_{0j}-\dfrac{y_{rj}}{y_{rk}}y_{0k}\right)x_j$ ($y_{0j}\geqslant 0$)	
…	…	…	…	…	…
$x_{B_i}=$	$y_{i0}-\dfrac{y_{r0}}{y_{rk}}y_{ik}$	$+\left(y_{ij}-\dfrac{y_{rj}}{y_{rk}}y_{ij}\right)x_j$	$+\dfrac{y_{ik}}{y_{rk}}x_r$	$+\left(y_{ij}-\dfrac{y_{rj}}{y_{rk}}y_{ij}\right)x_j$	
$x_k=$	$-\dfrac{y_{r0}}{y_{rk}}$	$-\dfrac{y_{ij}}{y_{rk}}x_j$	$+\dfrac{1}{y_{rk}}x_r$	$-\dfrac{y_{rj}}{y_{rk}}x_j$	$-\dfrac{y_{r0}}{y_{rk}}-\sum\limits_{j\in R_1}\dfrac{y_{rj}}{y_{rk}}v_j$ $+\dfrac{1}{y_{rk}}v_r-\sum\limits_{j\in R_2}\dfrac{y_{rj}}{y_{rk}}u_j$
…	…	…	…	…	…

1. 证明依然满足正则性

对于新的基本解，考查目标函数中新的非基变量的检验数。

①新的基本解中，取上界值的非基变量没有变化，而其检验数由原来的 $y_{0j}\geqslant 0$ 变成 $y_{0j}-\dfrac{y_{rj}}{y_{rk}}y_{0k}$。

当 $y_{rj}\geqslant 0$ 时，由于 $y_{0k}\leqslant 0$，$y_{rk}>0$，则 $y_{0j}-\dfrac{y_{rj}}{y_{rk}}y_{0k}\geqslant 0$，保持了正则性。

当 $y_{rj}<0$ 时，有

$$y_{0j}-\frac{y_{rj}}{y_{rk}}y_{0k}=y_{rj}\left(\frac{y_{0j}}{y_{rj}}-\frac{y_{0k}}{y_{rk}}\right) \tag{3-10}$$

由于 $y_{rj}<0$, $\dfrac{y_{0j}}{y_{rj}}-\dfrac{y_{0k}}{y_{rk}}\leqslant 0$，所以新的基本解中，取上界值的非基变量在目标函数中的检验数仍然 $\geqslant 0$，保持了正则性。

②对于新的基本解，考查原来取下界值的非基变量在目标函数中的检验数。原来取下界值的非基变量，其检验数由原来的 y_{0j} 变成 $y_{0j}-\dfrac{y_{rj}}{y_{rk}}y_{0k}$。

当 $y_{rj}\leqslant 0$ 时，由于 $y_{0k}\leqslant 0$，$y_{rk}>0$，则 $y_{0j}-\dfrac{y_{rj}}{y_{rk}}y_{0k}<0$，保持了正则性。

当$y_{rj}>0$时，有

$$y_{0j}-\frac{y_{rj}}{y_{rk}}y_{0k}=y_{rj}\left(\frac{y_{0j}}{y_{rj}}-\frac{y_{0k}}{y_{rk}}\right) \tag{3-11}$$

由于$y_{rj}>0, \frac{y_{0j}}{y_{rj}}-\frac{y_{0k}}{y_{rk}}\leqslant 0$，所以新的基本解中，原来取下界值的非基变量，其检验数仍然$\leqslant 0$，保持了正则性。

③至于新的基本解中，新变成的取下界值的非基变量x_r，其检验数是$\frac{y_{0k}}{y_{rk}}$，由于$y_{0k}\leqslant 0$，$y_{rk}>0$，所以其检验数$\frac{y_{0k}}{y_{rk}}\leqslant 0$，仍然满足正则性要求。

2. 证明可行性收敛

表 3-2 中，$y_{r0}+\sum_{j\in R_1}y_{rj}v_j+y_{rk}v_k+\sum_{j\in R_2}y_{rj}u_j=\overline{x_r}$；

表 3-3 中，$x_k=-\frac{y_{r0}}{y_{rk}}-\sum_{j\in R_1}\frac{y_{rj}}{y_{rk}}v_j+\frac{1}{y_{rk}}v_r-\sum_{j\in R_2}\frac{y_{rj}}{y_{rk}}u_j=\frac{v_r-x_r}{y_{rk}}+v_k$。

由于$\overline{x}_r<v_r$，$y_{rk}>0$，所以$x_k>v_k$。

迭代的结果证明：经过一次迭代，原来不满足下界值的基变量出基后已经取得下界值，原来取下界值的非基变量进基后得到的新值大于原来的下界值，仍然满足下界值要求，增加了满足下界值要求的变量数量。

3. 证明目标函数值下降

对于新的基本正则解来说，其目标函数值与迭代前相比较，差值为

$$\begin{aligned}\bar{\bar{f}}-\bar{f}&=\left(y_{00}-\frac{y_{r0}}{y_{rk}}y_{0k}\right)+\sum_{j\in R_1}\left(y_{0j}-\frac{y_{rj}}{y_{rk}}y_{0k}\right)v_j+\frac{y_{0k}}{y_{rk}}v_r+\sum_{j\in R_2}\left(y_{0j}-\frac{y_{rj}}{y_{rk}}y_{0k}\right)u_j-\\&\quad\left(y_{00}+\sum_{j\in R_1}y_{0j}v_j+y_{0k}v_k+\sum_{j\in R_2}y_{0j}u_j\right)\\&=-\frac{y_{0k}}{y_{rk}}\left(y_{r0}+\sum_{\substack{j\in R_1\\ j\neq k}}y_{rj}v_j+\sum_{j\in R_2}y_{rj}u_j+y_{rk}v_k\right)+\frac{y_{0k}}{y_{rk}}v_r\\&=-\frac{y_{0k}}{y_{rk}}\overline{x}_r+\frac{y_{0k}}{y_{rk}}v_r\\&=\frac{y_{0k}}{y_{rk}}\left(v_r-\overline{x}_r\right)\end{aligned}$$

由于

$$y_{0k} \leqslant 0, \quad y_{rk} > 0, \quad v_r - \overline{x}_r > 0$$

所以

$$\frac{y_{0k}}{y_{rk}}\left(v_r - \overline{x}_r\right) \leqslant 0$$

$$\overline{\overline{f}} = \overline{f} + \frac{y_{0i}}{y_{rk}}\left(v_r - \overline{x}_r\right) \leqslant \overline{f}$$

即对于新的基本解来说，目标函数值下降。

二、证明情况（2）

已知正则形表 3-4。

表 3-4 正则形

正则解	常数项	x_j，$j \in R_1\left(v_j\right)$	(u_k) x_k	(u_j) x_j，$j \in R_2$	取值
$f=$	y_{00}	$+y_{0j}x_j$ $(y_{0j} \leqslant 0)$	$y_{0k}x_k$	$+y_{0j}x_j$ $(y_{0j} \geqslant 0)$	$y_{00} + \sum_{j \in R_1} y_{0j}v_j + y_{0k}u_k + \sum_{j \in R_2} y_{0j}u_j = \overline{f}$
…	…	…	…	…	…
$x_{B_i}=$	y_{i0}	$+y_{ij}x_j$	$\mathrm{y_{ik}x_k}$	$+y_{ij}x_j$	$y_{i0} + \sum_{j \in R_1} y_{ij}v_j + \sum_{j \in R_2} y_{ij}u_j = \overline{x}_{B_i}$
$x_r=$	y_{r0}	$+y_{rj}x_j$	$\mathrm{y_{rk}x_k}$	$+y_{rj}x_j$	$y_{r0} + \sum_{j \in R_1} y_{rj}v_j + y_{rk}u_k + \sum_{j \in R_2} y_{rj}u_j = \overline{x}_r$
…	…	…	…	…	…

设 $\overline{x}_r < v_r$，$y_{0k} \geqslant 0$，$y_{rk} < 0$，根据迭代规则，令 x_r 出基，进基变量的选取由下式确定：

$$\frac{y_{0k}}{y_{rk}} = \max_{j \in R_1}\left\{\frac{y_{0j}}{y_{rj}}, y_{rj} > 0\right\} \geqslant \max_{j \in R_2}\left\{\frac{y_{0j}}{y_{rj}}, y_{rj} < 0\right\}$$

选 x_k 进基。

以 y_{rk} 为枢轴变量，进行迭代后得到新的正则形表，见表 3-5。

表 3-5　迭代后的正则形

正则解	常数项	x_j，$j \in R_1\left(v_j\right)$	x_r (v_r)	(u_j) x_j，$j \in R_2$	取值
$f=$	$y_{00}-\frac{y_{r0}}{y_{rk}}y_{0k}$	$+\left(y_{0j}-\frac{y_{rj}}{y_{rk}}y_{0k}\right)x_j$ $(y_{0j} \leqslant 0)$	$\frac{y_{0k}}{y_{rk}}x_r$	$+\left(y_{0j}-\frac{y_{rj}}{y_{rk}}y_{0k}\right)x_j$ $(y_{0j} \geqslant 0)$	
…	…	…	…	…	…
$x_{B_i}=$	$y_{i0}-\frac{y_{r0}}{y_{rk}}y_{ik}$	$+\left(y_{ij}-\frac{y_{rj}}{y_{rk}}y_{ij}\right)x_j$	$+\frac{y_{ik}}{y_{rk}}x_r$	$+\left(y_{ij}-\frac{y_{rj}}{y_{rk}}y_{ij}\right)x_j$	
$x_k=$	$-\frac{y_{r0}}{y_{rk}}$	$-\frac{y_{ij}}{y_{rk}}x_j$	$+\frac{1}{y_{rk}}x_r$	$-\frac{y_{rj}}{y_{rk}}x_j$	$-\frac{y_{r0}}{y_{rk}}-\sum_{j\in R_1}\frac{y_{rj}}{y_{rk}}v_j$ $+\frac{1}{y_{rk}}v_r-\sum_{j\in R_2}\frac{y_{rj}}{y_{rk}}u_j$
…	…	…	…	…	…

1. 证明依然满足正则性

对于新的基本解，考查目标函数中新的非基变量的检验数。

①新的基本解中，取上界值的非基变量没有变化，而其检验数由原来的 $y_{0j}\geqslant 0$ 变成 $y_{0j}-\frac{y_{rj}}{y_{rk}}y_{0k}$

当 $y_{rj}\geqslant 0$ 时，由于 $y_{0k}\geqslant 0$，$y_{rk}<0$，则 $y_{0j}-\frac{y_{rj}}{y_{rk}}y_{0k}\geqslant 0$，保持了正则性。

当 $y_{rj}<0$ 时，有

$$y_{0j}-\frac{y_{rj}}{y_{rk}}y_{0k}=y_{rj}\left(\frac{y_{0j}}{y_{rj}}-\frac{y_{0k}}{y_{rk}}\right)$$

由于 $y_{rj}<0$，$\frac{y_{0j}}{y_{rj}}-\frac{y_{0k}}{y_{rk}}\leqslant 0$，所以新的基本解中，取上界值的非基变量在目标函数中的检验数仍然≥ 0，保持了正则性。

②对于新的基本解，考查原来取下界值的非基变量在目标函数中的检验数。原来取下界值的非基变量，其检验数由原来的 y_{0j} 变成 $y_{0j}-\frac{y_{rj}}{y_{rk}}y_{0k}$。

当$y_{rj}\leqslant 0$时，由于$y_{0k}\geqslant 0$，$y_{rk}<0$，则$y_{0j}-\frac{y_{rj}}{y_{rk}}y_{0k}<0$，保持了正则性。

当$y_{rj}>0$时，有

$$y_{0j}-\frac{y_{rj}}{y_{rk}}y_{0k}=y_{rj}\left(\frac{y_{0j}}{y_{rj}}-\frac{y_{0k}}{y_{rk}}\right)$$

由于$y_{rj}>0$，$\frac{y_{0j}}{y_{rj}}-\frac{y_{0k}}{y_{rk}}\leqslant 0$，所以新的基本解中，原来取下界值的非基变量，其检验数仍然$\leqslant 0$，保持了正则性。

③至于新的基本解中，新变成的取下界值的非基变量x_r，其检验数是$\frac{y_{0k}}{y_{rk}}$，由于$y_{0k}\geqslant 0$，$y_{rk}<0$，所以其检验数$\frac{y_{0k}}{y_{rk}}\leqslant 0$，仍然满足正则性要求。

2. 证明可行性收敛

表 3-4 中，$y_{r0}+\sum_{j\in R_1}y_{rj}v_j+y_{rk}u_k+\sum_{j\in R_2}y_{rj}u_j=x_r$；

表 3-5 中，$x_k=-\frac{y_{r0}}{y_{rk}}-\sum_{j\in R_1}\frac{y_{rj}}{y_{rk}}v_j+\frac{1}{y_{rk}}v_r-\sum_{j\in R_2}\frac{y_{rj}}{y_{rk}}u_j=\frac{v_r-x_r}{y_{rk}}+u_k$。

由于$\bar{x}_r<v_r, y_{rk}<0$，所以$x_k<u_k$。

迭代的结果证明：经过一次迭代，原来不满足下界值的基变量出基后已经取得下界值，原来取上界值的非基变量进基后得到的新值小于原来的上界值，增加了满足下界值要求的变量数量。

3. 证明目标函数值下降

对于新的基本正则解来说，其目标函数值与迭代前相比较，差值为

$$\bar{\bar{f}}-\bar{f}=\left(y_{00}-\frac{y_{r0}}{y_{rk}}y_{0k}\right)+\sum_{j\in R_1}\left(y_{0j}-\frac{y_{rj}}{y_{rk}}y_{0k}\right)v_j+\frac{y_{0k}}{y_{rk}}v_r+\sum_{j\in R_2}\left(y_{0j}-\frac{y_{rj}}{y_{rk}}y_{0k}\right)u_j-$$

$$\left(y_{00}+\sum_{j\in R_1}y_{0j}v_j+y_{0k}u_k+\sum_{j\in R_2}y_{0j}u_j\right)$$

$$=-\frac{y_{0k}}{y_{rk}}\left(y_{r0}+\sum_{\substack{j\in R_1\\ j\neq k}}y_{rj}v_j+\sum_{j\in R_2}y_{rj}u_j+y_{rk}u_k\right)+\frac{y_{0k}}{y_{rk}}v_r$$

$$= -\frac{y_{0k}}{y_{rk}}\overline{x}_r + \frac{y_{0k}}{y_{rk}}v_r$$

$$= \frac{y_{0k}}{y_{rk}}\left(v_r - \overline{x}_r\right)$$

由于

$$y_{0k} \geqslant 0,\quad y_{rk} < 0,\quad v_r - \overline{x}_r > 0$$

所以

$$\frac{y_{0k}}{y_{rk}}\left(v_r - \overline{x}_r\right) \leqslant 0$$

$$\overline{\overline{f}} = \overline{f} + \frac{y_{0k}}{y_{rk}}\left(v_r - \overline{x}_r\right) \leqslant \overline{f}$$

即对于新的基本解来说，目标函数值下降。

三、证明情况（3）

已知正则形表 3-6。

表 3-6　正则形

正则解	常数项	x_j，$j \in R_1$ (v_j)	(x_k) v_k	(u_j) x_j，$j \in R_2$	取值
$f=$	y_{00}	$+y_{0j}x_j$ $(y_{0j} \leqslant 0)$	$y_{0k}x_k$	$+y_{0j}x_j$ $(y_{0j} \geqslant 0)$	$y_{00} + \sum\limits_{j \in R_1} y_{0j}v_j + y_{0k}v_k + \sum\limits_{j \in R_2} y_{0j}u_j = \overline{f}$
…	…	…	…	…	…
$x_{B_i}=$	y_{i0}	$+y_{ij}x_j$	$y_{ik}x_k$	$+y_{ij}x_j$	$y_{i0} + \sum\limits_{j \in R_1} y_{ij}v_j + \sum\limits_{j \in R_2} y_{ij}u_j = \overline{x}_{B_i}$
$x_r=$	y_{r0}	$+y_{rj}x_j$	$y_{rk}x_k$	$+y_{rj}x_j$	$y_{r0} + \sum\limits_{j \in R_1} y_{rj}v_j + y_{rk}v_k + \sum\limits_{j \in R_2} y_{rj}u_j = \overline{x}_r$
…	…	…	…	…	…

设 $\overline{x}_r > u_r$，$y_{0k} \leqslant 0$，$y_{rk} < 0$，根据迭代规则，令 x_r 出基，进基变量的选取由下式确定：

$$\frac{y_{0k}}{y_{rk}}=\min_{j\in R_1}\left\{\frac{y_{0j}}{y_{rj}},y_{rj}<0\right\}\leqslant\min_{j\in R_2}\left\{\frac{y_{0j}}{y_{rj}},y_{rj}>0\right\}$$

选 x_k 进基。

以 y_{rk} 为枢轴变量，进行迭代后得到新的正则形表，如表 3-7 所示。

表 3-7 迭代后的正则形

正则解	常数项	$x_j,\ j\in R_1\ (v_j)$	(u_r) x_r	(u_j) $x_j,\ j\in R_2$	取值
$f=$	$y_{00}-\frac{y_{r0}}{y_{rk}}y_{0k}$	$+\left(y_{0j}-\frac{y_{rj}}{y_{rk}}y_{0k}\right)x_j$ $(y_{0j}\leqslant 0)$	$\frac{y_{0k}}{y_{rk}}x_r$	$+\left(y_{0j}-\frac{y_{rj}}{y_{rk}}y_{0k}\right)x_j$ $(y_{0j}\geqslant 0)$	
…	…	…	…	…	…
$x_{B_i}=$	$y_{i0}-\frac{y_{r0}}{y_{rk}}y_{ik}$	$+\left(y_{ij}-\frac{y_{rj}}{y_{rk}}y_{ij}\right)x_j$	$+\frac{y_{ik}}{y_{rk}}x_r$	$+\left(y_{ij}-\frac{y_{rj}}{y_{rk}}y_{ij}\right)x_j$	
$x_k=$	$-\frac{y_{r0}}{y_{rk}}$	$-\frac{y_{ij}}{y_{rk}}x_j$	$+\frac{1}{y_{rk}}x_r$	$-\frac{y_{rj}}{y_{rk}}x_j$	$-\frac{y_{r0}}{y_{rk}}-\sum_{j\in R_1}\frac{y_{rj}}{y_{rk}}v_j$ $+\frac{1}{y_{rk}}u_r-\sum_{j\in R_2}\frac{y_{ij}}{y_{rk}}u_j$
…	…	…	…	…	…

1. 证明依然满足正则性

对于新的基本解，考查目标函数中新的非基变量的检验数。

①新的基本解中，取上界值的非基变量没有变化，而其检验数由原来的 $y_{0j}\geqslant 0$ 变成 $y_{0j}-\frac{y_{rj}}{y_{rk}}y_{0k}$。

当 $y_{rj}\leqslant 0$ 时，由于 $y_{0k}\leqslant 0$，$y_{rk}<0$，则 $y_{0j}-\frac{y_{rj}}{y_{rk}}y_{0k}\geqslant 0$，保持了正则性。

当 $y_{rj}>0$ 时，有

$$y_{0j}-\frac{y_{rj}}{y_{rk}}y_{0k}=y_{rj}\left(\frac{y_{0j}}{y_{rj}}-\frac{y_{0k}}{y_{rk}}\right)$$

由于$y_{rj}>0$，$\dfrac{y_{0j}}{y_{rj}}-\dfrac{y_{0k}}{y_{rk}}\geqslant 0$，所以新的基本解中，取上界值的非基变量在目标函数中的检验数仍然≥ 0，保持了正则性。

②对于新的基本解，考查原来取下界值的非基变量在目标函数中的检验数。原来取下界值的非基变量，其检验数由原来的y_{0j}变成$y_{0j}-\dfrac{y_{rj}}{y_{rk}}y_{0k}$。

当$y_{rj}\leqslant 0$时，由于$y_{0k}\leqslant 0$，$y_{rk}<0$，则$y_{0j}-\dfrac{y_{rj}}{y_{rk}}y_{0k}\geqslant 0$，保持了正则性。

当$y_{rj}<0$时，有

$$y_{0j}-\frac{y_{rj}}{y_{rk}}y_{0k}=y_{rj}\left(\frac{y_{0j}}{y_{rj}}-\frac{y_{0k}}{y_{rk}}\right)$$

由于$y_{rj}<0,\dfrac{y_{0j}}{y_{rj}}-\dfrac{y_{0k}}{y_{rk}}\geqslant 0$，所以新的基本解中，原来取下界值的非基变量，其检验数仍然≤ 0，保持了正则性。

③至于新的基本解中，新变成的取上界值的非基变量x_r，其检验数是$\dfrac{y_{0k}}{y_{rk}}$，由于$y_{0k}\leqslant 0$，$y_{rk}<0$，所以其检验数$\dfrac{y_{0k}}{y_{rk}}\geqslant 0$，仍然满足正则性要求。

2. 证明可行性收敛

表 3-6 中，$y_{r0}+\sum\limits_{j\in R_1}y_{rj}v_j+y_{rk}v_k+\sum\limits_{j\in R_2}y_{rj}u_j=\bar{x}_r$；

表 3-7 中，$x_k=-\dfrac{y_{r0}}{y_{rk}}-\sum\limits_{j\in R_1}\dfrac{y_{rj}}{y_{rk}}v_j+\dfrac{1}{y_{rk}}u_r-\sum\limits_{j\in R_2}\dfrac{y_{rj}}{y_{rk}}u_j=\dfrac{u_r-\bar{x}_r}{y_{rk}}+v_k$。

由于$\bar{x}_r>u_r$，$y_{rk}<0$，所以$x_k>v_k$。

迭代的结果证明：经过一次迭代，原来不满足上界值的基变量出基后已经取得上界值，原来取下界值的非基变量进基后得到的新值大于原来的下界值，增加了满足上界值要求的变量数量。

3. 证明目标函数值下降

对于新的基本正则解来说，其目标函数值与迭代前相比较，差值为

$$\bar{\bar{f}}-\bar{f}=\left(y_{00}-\frac{y_{r0}}{y_{rk}}y_{0k}\right)+\sum_{j\in R_1}\left(y_{0j}-\frac{y_{rj}}{y_{rk}}y_{0k}\right)v_j+\frac{y_{0k}}{y_{rk}}u_r+\sum_{j\in R_2}\left(y_{0j}-\frac{y_{rj}}{y_{rk}}y_{0k}\right)u_j$$

$$-\left(y_{00}+\sum_{j\in R_1}y_{0j}v_j+y_{0k}v_k+\sum_{j\in R_2}y_{0j}u_j\right)$$

$$=-\frac{y_{0k}}{y_{rk}}\left(y_{r0}+\sum_{\substack{j\in R_1\\ j\neq k}}y_{rj}v_j+\sum_{j\in R_2}y_{rj}u_j+y_{rk}v_k\right)+\frac{y_{0k}}{y_{rk}}u_r$$

$$=-\frac{y_{0k}}{y_{rk}}-x_r+\frac{y_{0k}}{y_{rk}}u_r$$

$$=\frac{y_{0k}}{y_{rk}}(u_r-\bar{x}_r)$$

由于

$$y_{0k}\leqslant 0,\ y_{rk}<0,\ u_r-\bar{x}_r<0$$

所以

$$\frac{y_{0k}}{y_{rk}}(u_r-\bar{x}_r)\leqslant 0$$

$$\bar{\bar{f}}=\bar{f}+\frac{y_{0k}}{y_{rk}}(u_r-\bar{x}_r)\leqslant\bar{f}$$

即对于新的基本解来说，目标函数值下降。

四、证明情况（4）

已知正则形表 3-8。

表 3-8　正则形

正则解	常数项	$x_j,\ j\in R_1\ (v_j)$	(u_k) x_k	(u_j) $x_j,\ j\in R_2$	取值
$f=$	y_{00}	$+y_{0j}x_j(y_{0j}\leqslant 0)$	$y_{0k}x_k$	$+y_{0j}x_j(y_{0j}\geqslant 0)$	$y_{00}+\sum_{j\in R_1}y_{0j}v_j+y_{0k}u_k+\sum_{j\in R_2}y_{0j}u_j=\bar{f}$
…	…	…	…	…	…
$x_{B_i}=$	y_{i0}	$+y_{ij}x_j$	$y_{ik}x_k$	$+y_{ij}x_j$	$y_{i0}+\sum_{j\in R_1}y_{ij}v_j+\sum_{j\in R_2}y_{ij}u_j=\bar{x}_{B_i}$

续表

正则解	常数项	x_j，$j\in R_1\left(v_j\right)$	(u_k) x_k	$\left(u_j\right)$ x_j，$j\in R_2$	取值
$x_r=$	y_{r0}	$+y_{rj}x_j$	$y_{rk}x_k$	$+y_{rj}x_j$	$y_{r0}+\sum_{j\in R_1}y_{rj}v_j+y_{rk}u_k+\sum_{j\in R_2}y_{rj}u_j=\overline{x}_r$
…	…	…	…	…	…

设 $\overline{x}_r>u_r$，$y_{0k}\geqslant 0$，$y_{rk}>0$，根据迭代规则，令 x_r 出基，进基变量的选取由下式确定：

$$\frac{y_{0k}}{y_{rk}}=\min_{j\in R_1}\left\{\frac{y_{0j}}{y_{rj}},\ y_{rj}<0\right\}\leqslant\min_{j\in R_2}\left\{\frac{y_{0j}}{y_{rj}},\ y_{rj}>0\right\}$$

选 x_k 进基。

以 y_{rk} 为枢轴变量，进行迭代后得到新的正则形表，如表 3-9 所示。

表 3-9　迭代后的正则形

正则解	常数项	x_j，$j\in R_1\left(v_j\right)$	(u_r) x_r	$\left(u_j\right)$ x_j，$j\in R_2$	取值
$f=$	$y_{00}-\frac{y_{r0}}{y_{rk}}y_{0k}$	$+\left(y_{0j}-\frac{y_{rj}}{y_{rk}}y_{0k}\right)x_j$ $(y_{0j}\leqslant 0)$	$\frac{y_{0k}}{y_{rk}}x_r$	$+\left(y_{0j}-\frac{y_{rj}}{y_{rk}}y_{0k}\right)x_j$ $(y_{0j}\geqslant 0)$	
…	…	…	…	…	…
$x_{B_i}=$	$y_{i0}-\frac{y_{r0}}{y_{rk}}y_{ik}$	$+\left(y_{ij}-\frac{y_{rj}}{y_{rk}}y_{ij}\right)x_j$	$+\frac{y_{ik}}{y_{rk}}x_r$	$+\left(y_{ij}-\frac{y_{rj}}{y_{rk}}y_{ij}\right)x_j$	
$x_k=$	$-\frac{y_{r0}}{y_{rk}}$	$-\frac{y_{ij}}{y_{rk}}x_j$	$+\frac{1}{y_{rk}}x_r$	$-\frac{y_{rj}}{y_{rk}}x_j$	$-\frac{y_{r0}}{y_{rk}}-\sum_{j\in R_1}\frac{y_{rj}}{y_{rk}}v_j$ $+\frac{1}{y_{rk}}u_r-\sum_{j\in R_2}\frac{y_{ij}}{y_{rk}}u_j$
…	…	…	…	…	…

1. 证明依然满足正则性

对于新的基本解，考查目标函数中新的非基变量的检验数。

①新的基本解中，取上界值的非基变量没有变化，而其检验数由原来的 $y_{0j} \geqslant 0$ 变成 $y_{0j} - \dfrac{y_{rj}}{y_{rk}} y_{0k}$。

当 $y_{rj} \leqslant 0$ 时，由于 $y_{0k} \geqslant 0$，$y_{rk} > 0$，则 $y_{0j} - \dfrac{y_{rj}}{y_{rk}} y_{0k} \geqslant 0$，保持了正则性。

当 $y_{rj} > 0$ 时，有

$$y_{0j} - \frac{y_{rj}}{y_{rk}} y_{0k} = y_{rj}\left(\frac{y_{0j}}{y_{rj}} - \frac{y_{0k}}{y_{rk}}\right)$$

由于 $y_{rj} > 0, \dfrac{y_{0j}}{y_{rj}} - \dfrac{y_{0k}}{y_{rk}} \geqslant 0$，所以新的基本解中，取上界值的非基变量在目标函数中的检验数仍然大于等于 0，保持了正则性。

②对于新的基本解，考查原来取下界值的非基变量在目标函数中的检验数。原来取下界值的非基变量的检验数由原来的 y_{0j} 变成 $y_{0j} - \dfrac{y_{rj}}{y_{rk}} y_{0k}$。

当 $y_{rj} \geqslant 0$ 时，由于 $y_{0k} \geqslant 0$，$y_{rk} > 0$，则 $y_{0j} - \dfrac{y_{rj}}{y_{rk}} y_{0k} < 0$，保持了正则性。

当 $y_{rj} < 0$ 时，有

$$y_{0j} - \frac{y_{rj}}{y_{rk}} y_{0k} = y_{rj}\left(\frac{y_{0j}}{y_{rj}} - \frac{y_{0k}}{y_{rk}}\right)$$

由于 $y_{rj} < 0, \dfrac{y_{0j}}{y_{rj}} - \dfrac{y_{0k}}{y_{rk}} \geqslant 0$，所以新的基本解中，原来取下界值的非基变量的检验数仍然小于等于 0，保持了正则性。

③至于新的基本解中，新变成的取上界值的非基变量 x_r 的检验数是 $\dfrac{y_{0k}}{y_{rk}}$，由于 $y_{0k} \geqslant 0$，$y_{rk} > 0$，所以其检验数 $\dfrac{y_{0k}}{y_{rk}} \geqslant 0$，仍然满足正则性要求。

2. 证明可行性收敛

表 3-8 中，$y_{r0} + \sum\limits_{j \in R_1} y_{rj} v_j + y_{rk} u_k + \sum\limits_{j \in R_2} y_{rj} u_j = \bar{x}_r$；

表 3-9 中，$x_k=-\frac{y_{r0}}{y_{rk}}-\sum_{j\in R_1}\frac{y_{rj}}{y_{rk}}v_j+\frac{1}{y_{rk}}u_r-\sum_{j\in R_2}\frac{y_{rj}}{y_{rk}}u_j=\frac{u_r-\bar{x}_r}{y_{rk}}+u_k$。

由于 $\bar{x}_r>u_r$，$y_{rk}>0$，所以 $x_k<u_k$。

迭代的结果证明：经过一次迭代，原来不满足上界值的基变量出基后已经取得上界值，原来取上界值的非基变量进基后得到的新值小于原来的上界值，增加了满足上界值要求的变量数量。

3. 证明目标函数值下降

对于新的基本正则解来说，其目标函数值与迭代前相比较，差值为

$$\bar{\bar{f}}-\bar{f}=\left(y_{00}-\frac{y_{r0}}{y_{rk}}y_{0k}\right)+\sum_{j\in R_1}\left(y_{0j}-\frac{y_{rj}}{y_{rk}}y_{0k}\right)v_j+\frac{y_{0k}}{y_{rk}}u_r+\sum_{j\in R_2}\left(y_{0j}-\frac{y_{rj}}{y_{rk}}y_{0k}\right)u_j-$$

$$\left(y_{00}+\sum_{j\in R_1}y_{0j}v_j+y_{0k}u_k+\sum_{j\in R_2}y_{0j}u_j\right)$$

$$=-\frac{y_{0k}}{y_{rk}}\left(y_{r0}+\sum_{\substack{j\in R_1\\ j\neq k}}y_{rj}v_j+\sum_{j\in R_2}y_{rj}u_j+y_{rk}u_k\right)+\frac{y_{0k}}{y_{rk}}u_r$$

$$=-\frac{y_{0k}}{y_{rk}}-\bar{x}_r+\frac{y_{0k}}{y_{rk}}u_r$$

$$=\frac{y_{0k}}{y_{rk}}(u_r-\bar{x}_r)$$

由于

$$y_{0k}\geqslant 0,\quad y_{rk}>0,\quad u_r-\bar{x}_r<0$$

所以

$$\frac{y_{0k}}{y_{rk}}(u_r-\bar{x}_r)\leqslant 0$$

$$\bar{\bar{f}}=\bar{f}+\frac{y_{0k}}{y_{rk}}(u_r-\bar{x}_r)\leqslant\bar{f}$$

即对于新的基本解来说，目标函数值下降。

第三节 关于算法收敛速度的讨论

在介绍正则形方法的迭代过程中，出基变量的选取并未通过比较取值大小而进行有针对性的遴选，通常采用的是顺序选择法或随机选择法来选择。那么，不同的选择方法会不会影响正则形方法求解的收敛速度呢？以下在不至于引起混淆的情况下，对正则形表的最上面一行进行了简化。

例题：求解线性规划问题：

$$\max f = 3x_1 + 2x_2 + x_3 - x_4 - 2x_5 - 3x_6$$

$$\begin{cases} x_1 + x_4 - x_5 + x_6 = 20 \\ x_1 - x_2 + x_4 - x_5 = 10 \\ -x_1 + 2x_2 + 2x_3 + 2x_5 = 10 \\ x_i \geqslant 0,\ i = 1,2,\cdots,6 \end{cases}$$

解：将原线性规划问题化为标准形，即

$$\max f = 3x_1 + 2x_2 + x_3 - x_4 - 2x_5 - 3x_6$$

$$\begin{cases} x_7 = 20 - x_1 - x_4 + x_5 - x_6 \\ x_8 = 10 - x_1 + x_2 - x_4 + x_5 \\ x_9 = 10 + x_1 - 2x_2 - 2x_3 - 2x_5 \\ x_i \geqslant 0,\ i = 1,2,\cdots,8; 0 \leqslant x_7 \leqslant 0, 0 \leqslant x_8 \leqslant 0, 0 \leqslant x_9 \leqslant 0 \end{cases}$$

填入正则形表，见表 3-10。

表 3-10 正则形

正则解	常数项	$(M)\,x_1$	$(M)\,x_2$	$(M)\,x_3$	$x_4\,(0)$	$x_5\,(0)$	$x_6\,(0)$	取值
$f=$	0	3	2	1	−1	−2	−3	$6M$
$x_7=$	20	−1	0	0	−1	1	−1	$20-M$
$x_8=$	10	−1	1	0	−1	1	0	10
$x_9=$	10	1	−2	−2	0	−2	0	$10-3M$

检查，令 x_1 出基成为取下界值为 0 的非基变量，进基变量的选取由下式确定：

$$\max\left\{\frac{3}{-1}, \frac{-2}{1}\right\} = -2$$

选 x_5 进基。迭代后得到新的正则形表，见表 3-11。

表 3-11 迭代后的正则形

正则解	常数项	$(M)\ x_1$	$(M)\ x_2$	$(M)\ x_3$	$x_4\ (0)$	$x_5\ (0)$	$x_6\ (0)$	取值
f=	40	1	2	1	−3	−2	−5	$40+4M$
x_5=	−20	1	0	0	1	1	1	$-20+M$
x_8=	−10	0	1	0	0	1	1	$-10+M$
x_9=	50	−1	−2	−2	−2	−2	−2	$50-5M$

检查，令 x_8 出基成为取上界值为 0 的非基变量，进基变量的选取由下式确定：

$$\min\left\{\frac{2}{1}\right\}=2$$

选 x_2 进基。迭代后得到新的正则形表，见表 3-12。

表 3-12 再迭代后的正则形

正则解	常数项	$(M)\ x_1$	$(0)\ x_8$	$(M)\ x_3$	$x_4\ (0)$	$x_7\ (0)$	$x_6\ (0)$	取值
f=	60	1	2	1	−3	−4	−7	$60+2M$
x_5=	−20	1	0	0	1	1	1	$-20+M$
x_2=	10	0	1	0	0	−1	−1	10
x_9=	30	−1	−2	−2	−2	0	0	$30-3M$

检查，令 x_9 出基成为取下界值为 0 的非基变量，进基变量的选取由下式确定：

$$\max\left\{\frac{1}{-1},\frac{2}{-2},\frac{1}{-2}\right\}=-\frac{1}{2}$$

选 x_3 进基。迭代后得到新的正则形表，见表 3-13。

表 3-13 再迭代后的正则形

正则解	常数项	$(M)\ x_1$	$(0)\ x_8$	$x_9\ (0)$	$x_4\ (0)$	$x_7\ (0)$	$x_6\ (0)$	取值
f=	75	1/2	1	−1/2	−4	−4	−7	$75+1/2M$
x_5=	−20	1	0	0	1	1	1	$-20+M$
x_2=	10	0	1	0	0	−1	−1	10
x_3=	15	−1/2	−1	−1/2	−1	0	0	$15-1/2M$

检查，令 x_3 出基成为取下界值为 0 的非基变量，进基变量的选取由下式确定：

$$\max\left\{\frac{1/2}{-1/2},\frac{1}{-1}\right\}=-1$$

选 x_1 进基。迭代后得到新的正则形表，见表 3-14。

表 3-14　再迭代后的正则形

正则解	常数项	x_3（0）	（0）x_8	x_9（0）	x_4（0）	x_7（0）	x_6（0）	取值
f=	90	−1	+0	−1	−5	−4	−7	90
x_5=	10	−2	−2	−1	−1	1	1	10
x_2=	10	0	1	0	0	−1	−1	10
x_1=	30	−2	−2	−1	−2	0	0	30

检查，得到最优解：$x_1=30$，$x_2=10$，$x_3=0$，$x_4=0$，$x_5=10$，$x_6=0$，$f=90$ 。

第四章　单纯形方法

第一节　单纯形方法求解

考虑线性规划问题：

$$\min z = \boldsymbol{cx}$$

$$\begin{cases} \boldsymbol{Ax} = \boldsymbol{b} \\ \boldsymbol{x} \geqslant \boldsymbol{0} \end{cases} \tag{4-1}$$

式中，$\boldsymbol{A}$——$m \times n$ 矩阵，且秩为 m；

$\boldsymbol{b}$——可以被调整为一个 m 维非负列向量；

$\boldsymbol{c}$——n 维行向量；

$\boldsymbol{x}$——n 维列向量。

根据线性规划的基础定理，如果可行域 $D = \{x \in \mathbf{R}^n \mid \boldsymbol{Ax} = \boldsymbol{b}，\boldsymbol{x} \geqslant \boldsymbol{0}\}$ 非空有界，则 D 上的最优目标函数值 $z = \boldsymbol{cx}$ 一定可以在 D 的一个顶点处达到。

这个重要定理引出了单纯形方法，即将寻优的目标集中在 D 的几个顶点（基础可行解）上，其基本思路是从一个初始的基础可行解出发，寻找一条达到最优基础可行解的最佳途径，单纯形方法的一般步骤如下：

①寻找一个初始的基础可行解。

②检查现行的基础可行解是否最优，如果为最优，则已找到最优解，求解结束；否则转下一步。

③迭代寻找使目标函数值变优的另一个基础可行解，然后转回到步骤②。

一、确定初始的基础可行解

确定初始的基础可行解等价于确定初始的可行基，一旦确定了初始的可行基，则对应的初始基础可行解也就唯一确定了。

为方便讨论，不妨假设在线性规划问题（4-1）中，系数矩阵 $\boldsymbol{A}$ 中前 m 个系数列向量恰好构成一个可行基，即

$$\boldsymbol{A} = (\boldsymbol{B}, \boldsymbol{N})$$

式中，$\boldsymbol{B}$ =（$\boldsymbol{P}_1$，$\boldsymbol{P}_2$，⋯，$\boldsymbol{P}_m$），为基变量 x_1，x_2，⋯，x_m 的系数列向量所构成的可行基；而 $\boldsymbol{N}=\left(\boldsymbol{P}_{m+1}, \boldsymbol{P}_{m+2}, \cdots, \boldsymbol{P}_n\right)$，为非基变量 x_{m+1}，x_{m+2}，⋯，x_n 的系数列向量所构成的矩阵，所以约束方程 $\boldsymbol{Ax}=\boldsymbol{b}$ 就可以表示为

$$\boldsymbol{Ax} = (\boldsymbol{B}, \boldsymbol{N})\begin{pmatrix} \boldsymbol{x}_B \\ \boldsymbol{x}_N \end{pmatrix} = \boldsymbol{Bx}_B + \boldsymbol{Nx}_N = \boldsymbol{b}$$

用可行基 $\boldsymbol{B}$ 的逆阵 $\boldsymbol{B}^{-1}$ 左乘上式两端，再通过移项可得，即

$$\boldsymbol{x}_B = \boldsymbol{B}^{-1}\boldsymbol{b} - \boldsymbol{B}^{-1}\boldsymbol{N}x_N$$

若令所有非基变量 $\boldsymbol{x}_N=\boldsymbol{0}$，则基变量 $\boldsymbol{x}_B=\boldsymbol{B}^{-1}\boldsymbol{b}$，所以可得初始的基础可行解：

$$\boldsymbol{x} = \begin{pmatrix} \boldsymbol{B}^{-1}\boldsymbol{b} \\ \boldsymbol{0} \end{pmatrix}$$

现在的问题是：要判断 m 个系数列向量是否恰好构成一个基，即需要判断系数矩阵 $\boldsymbol{A}$ 中 m 个系数列向量是否线性无关，但一般而言，这并非易事；即使在系数矩阵 $\boldsymbol{A}$ 中找到了一个基 $\boldsymbol{B}$，也不能保证该基恰好是可行基，因为不能保证基变量 $\boldsymbol{x}_B = \boldsymbol{B}^{-1}\boldsymbol{b} \geqslant \boldsymbol{0}$。

为了求得基础可行解 $\boldsymbol{x} = \begin{pmatrix} \boldsymbol{B}^{-1}\boldsymbol{b} \\ \boldsymbol{0} \end{pmatrix}$，则必须求基 $\boldsymbol{B}$ 的逆阵 $\boldsymbol{B}^{-1}$。但是求逆阵也是一件比较麻烦的事情。

基于上述原因，在线性规划问题标准化的过程中，首先设法得到一个 m 阶单位矩阵 $\boldsymbol{E}$ 并将其作为初始可行基 $\boldsymbol{B}$，为此可在线性规划问题标准化过程中做以下处理。

①若在标准化之前，m 个约束不等式都是"≤"的形式，那么在标准化过程中只要在每一个约束不等式左端都加上一个松弛变量 $x_{n+i}, i=1,2,\cdots,m$。

②若在标准化之前，约束不等式中有"≥"的形式，那么在标准化过程中，

除了在不等式左端减去剩余变量使不等式变成等式之外，还必须在左端再加上一个非负新变量，称为人工变量。

③若在标准化之前，约束条件中有等式，那么可以直接在等式左端添加人工变量。

二、判断基础可行解是否最优

假如已求得一个基础可行解$\boldsymbol{x}=\begin{pmatrix}\boldsymbol{B}^{-1}\boldsymbol{b}\\ \boldsymbol{0}\end{pmatrix}$，将这一基础可行解代入目标函数，可求得相应的目标函数值，即

$$z=\boldsymbol{cx}=\left(\boldsymbol{c}_B,\ \boldsymbol{c}_N\right)\begin{pmatrix}\boldsymbol{B}^{-1}\boldsymbol{b}\\ \boldsymbol{0}\end{pmatrix}=\boldsymbol{c}_B\boldsymbol{B}^{-1}\boldsymbol{b}$$

式中，$\boldsymbol{c}_B=\left(c_1,c_2,\cdots,c_m\right)$与$\boldsymbol{c}_N=\left(c_{m+1},c_{m+2},\cdots,c_n\right)$分别表示基变量和非基变量所对应的系数列向量。

要判定$z=\boldsymbol{c}_B\boldsymbol{B}^{-1}\boldsymbol{b}$是否已经达到最小值，只需将$\boldsymbol{x}_B=\boldsymbol{B}^{-1}\boldsymbol{b}-\boldsymbol{B}^{-1}\boldsymbol{N}\boldsymbol{x}_N$代入目标函数，将目标函数用非基变量表示，即

$$\begin{aligned}z=\boldsymbol{cx}&=\left(\boldsymbol{c}_B,\boldsymbol{c}_N\right)\begin{pmatrix}\boldsymbol{x}_B\\ \boldsymbol{x}_N\end{pmatrix}=\boldsymbol{c}_B\boldsymbol{x}_B+\boldsymbol{c}_N\boldsymbol{x}_N\\ &=\boldsymbol{c}_B\left(\boldsymbol{B}^{-1}\boldsymbol{b}-\boldsymbol{B}^{-1}\boldsymbol{N}\boldsymbol{x}_N\right)+\boldsymbol{c}_N\boldsymbol{x}_N\\ &=\boldsymbol{c}_B\boldsymbol{B}^{-1}\boldsymbol{b}-\left(\boldsymbol{c}_B\boldsymbol{B}^{-1}\boldsymbol{N}-\boldsymbol{c}_N\right)\boldsymbol{x}_N\end{aligned}$$

令

$$\boldsymbol{c}_B\boldsymbol{B}^{-1}\boldsymbol{N}-\boldsymbol{c}_N=\left(\lambda_{m+1},\lambda_{m+1},\cdots,\lambda_n\right)=\boldsymbol{\lambda}_N$$

于是

$$z=\boldsymbol{c}_B\boldsymbol{B}^{-1}\boldsymbol{b}-\boldsymbol{\lambda}_N\boldsymbol{x}_N=\boldsymbol{c}_B\boldsymbol{B}^{-1}\boldsymbol{b}-\left(\lambda_{m+1},\lambda_{m+1},\cdots,\lambda_n\right)\begin{pmatrix}x_{m+1}\\ x_{m+2}\\ \vdots\\ x_n\end{pmatrix}$$

式中，$\boldsymbol{\lambda}_N$称为非基变量$\boldsymbol{x}_N$的检验向量，它的各个分量称为检验数。若$\boldsymbol{\lambda}_N$的检验数均小于等于0，即$\boldsymbol{\lambda}_N\leqslant\boldsymbol{0}$，那么这时的基础可行解就是最优解。

定理4-1：（最优解判别定理）对于线性规划问题：

$$\min z = \boldsymbol{cx}, D = \left\{x \in \mathbf{R}^n \mid \boldsymbol{Ax} = \boldsymbol{b}, \boldsymbol{x} \geqslant \boldsymbol{0}\right\}$$

若某个基础可行解所对应的检验向量 $\boldsymbol{\lambda}_N = \boldsymbol{c}_B \boldsymbol{B}^{-1} \boldsymbol{N} - \boldsymbol{c}_N \leqslant \boldsymbol{0}$，即每个非基变量 x_{m+i}（i=1，2，…，$n-m$）的检验数 $\lambda_{m+i} \leqslant 0 (i = 1, 2, \cdots, n-m)$，则该基础可行解就是最优解。

定理 4-2（无穷多最优解判别定理）：若 $\boldsymbol{x} = \begin{pmatrix} \boldsymbol{B}^{-1}\boldsymbol{b} \\ \boldsymbol{0} \end{pmatrix}$ 是一个基础可行解，所对应的检验向量 $\boldsymbol{\lambda}_N = \boldsymbol{c}_B \boldsymbol{B}^{-1} \boldsymbol{N} - \boldsymbol{c}_N \leqslant \boldsymbol{0}$，其中至少存在一个检验数 $\lambda_{m+k} = 0$，则线性规划问题有无穷多最优解。

三、基础可行解的改进

如果现行的基础可行解，不是最优解，即在检验向量 $\boldsymbol{\lambda}_N = \boldsymbol{c}_B \boldsymbol{B}^{-1} \boldsymbol{N} - \boldsymbol{c}_N$ 中有正的检验数，则需在原基础可行解的基础上寻找一个新的基础可行解，并使目标函数值有所改善。具体做法是：先从检验数为正的非基变量中确定一个换入变量，使其从非基变量变成基变量（将它的值从零增至某个正值）；再从原来的基变量中确定一个换出变量，使其从基变量变成非基变量（将它的值从某个正值减至零）。由此可得一个新的基础可行解，由 $z = \boldsymbol{c}_B \boldsymbol{B}^{-1} \boldsymbol{b} - \left(\lambda_{m+1}, \lambda_{m+2}, \cdots, \lambda_n\right) \begin{pmatrix} x_{m+1} \\ x_{m+2} \\ \vdots \\ x_n \end{pmatrix}$ 可知，这样的变换一定能使目标函数值有所减少。

换入变量和换出变量的确定规则如下：

①换入变量的确定。假设检验向量 $\boldsymbol{\lambda}_N = \boldsymbol{c}_B \boldsymbol{B}^{-1} \boldsymbol{N} - \boldsymbol{c}_N = \left(\lambda_{m+1}, \lambda_{m+2}, \cdots, \lambda_n\right)$，只要有检验数 $\lambda_j > 0$，对应的变量 x_j 就可作为换入基变量；若其中有一个以上的检验数为正，那么为了使目标函数值减少得快些，通常选取检验数最大的所对应的非基变量或检验数为正值的非基变量中最左边的一个为换入变量，即若

$$\max\left\{\lambda_j \mid \lambda_j > 0, m+1 \leqslant j \leqslant n\right\} = \lambda_{m+k}$$

则选取对应的 $\lambda_{m+k} > 0$ 的非基变量 x_{m+k} 为换入变量，由于 $\lambda_{m+k} > 0$ 且最大，因此当 x_{m+k} 由零增至正值时，通常可使目标函数值实现最大限度地减少。

②换出变量的确定（最小比值原则）。如果确定 x_{m+k} 为换入变量，则由方程

$$x_B = B^{-1}b - B^{-1}Nx_N$$

得

$$x_B = B^{-1}b - B^{-1}P_{m+k}x_{m+k}$$

式中，P_{m+k} 为 A 中与 x_{m+k} 对应的系数列向量。

现在需要在 $x_B = (x_1, x_2, \cdots x_m)^{\mathrm{T}}$ 中确定一个基变量为换出变量。

当 x_{m+k} 由零增加到某个正值时，$x_B = B^{-1}b - B^{-1}P_{m+k}x_{m+k}$ 的非负性可能被打破，为保持解的可行性，可以按最小比值原则确定换出变量。

若

$$\min\left\{\frac{(B^{-1}b)_i}{(B^{-1}P_{m+k})_i} = \frac{b_i'}{a'} \middle| (B^{-1}P_{m+k})_i = a'_{im+k} > 0, 1 \leqslant i \leqslant m\right\}$$

$$= \frac{(B^{-1}b)_l}{(B^{-1}P_{m+k})_l} = \frac{b_l'}{a'_{m+k}}$$

则选取对应的基变量 x_l 为换出变量，元素 a'_{im+k} 决定了从一个基础可行解到相邻基础可行解的转移去向，将其取名为主元素（或轴心项）。

定理 4-3（无最优解判别定理）：若 $x = \begin{pmatrix} B^{-1}b \\ 0 \end{pmatrix}$ 是一个基础可行解，且有一个检验数 $\lambda_{m+k} > 0$，但 $B^{-1}P_{m+k} \leqslant 0$，则该线性规划问题无最优解。

证明：令 $x_{m+k} = \mu(\mu > 0)$，其他非基变量取零，则得新的可行解：

$$x_B = B^{-1}b - B^{-1}P_{m+k}x_{m+k} = B^{-1}b - B^{-1}P_{m+k}\mu$$

由于目标函数

$$z = c_B B^{-1}b - (\lambda_{m+1}, \cdots, \lambda_{m+k}, \cdots, \lambda_n)\begin{pmatrix} x_{m+1} \\ \vdots \\ \mu \\ \vdots \\ x_n \end{pmatrix} = c_B B^{-1}b - \lambda_{m+k}\mu$$

$\lambda_{m+k} > 0$。故当 $\mu \to +\infty$ 时，$z \to -\infty$，即此时线性规划问题无有界最优解。

四、用初等变换求改进了的基础可行解

假设 $\boldsymbol{B}$ 是线性规划问题 $\min z=\boldsymbol{cx}$，$\boldsymbol{Ax}=\boldsymbol{b}$，$\boldsymbol{x}\geqslant\boldsymbol{0}$ 的可行基，则由

$$\boldsymbol{Ax}=\boldsymbol{b}\Rightarrow(\boldsymbol{B},\boldsymbol{N})\begin{pmatrix}\boldsymbol{x}_B\\\boldsymbol{x}_N\end{pmatrix}=\boldsymbol{b}$$

可得

$$\left(\boldsymbol{E},\boldsymbol{B}^{-1}\boldsymbol{N}\right)\begin{pmatrix}\boldsymbol{x}_B\\\boldsymbol{x}_N\end{pmatrix}=\boldsymbol{B}^{-1}\boldsymbol{b}$$

令非基变量 $\boldsymbol{x}_N=0$，则基变量 $\boldsymbol{x}_B=\boldsymbol{B}^{-1}\boldsymbol{b}$，可得基础可行解 $\boldsymbol{x}=\begin{pmatrix}\boldsymbol{B}^{-1}\boldsymbol{b}\\\boldsymbol{0}\end{pmatrix}$。

用逆阵 $\boldsymbol{B}^{-1}$ 左乘约束方程组的两端，等价于对方程组施以一系列的初等行变换，变换的结果是将系数矩阵 $\boldsymbol{A}$ 中的可行基 $\boldsymbol{B}$ 变换成单位矩阵 $\boldsymbol{E}$，把非基变量系数列向量构成的矩阵 $\boldsymbol{N}$ 变换成 $\boldsymbol{B}^{-1}\boldsymbol{N}$，把向量 $\boldsymbol{b}$ 变换成 $\boldsymbol{B}^{-1}\boldsymbol{b}$。

由于初等行变换后的方程组 $\left(\boldsymbol{E},\boldsymbol{B}^{-1}\boldsymbol{N}\right)\begin{pmatrix}\boldsymbol{x}_B\\\boldsymbol{x}_N\end{pmatrix}=\boldsymbol{B}^{-1}\boldsymbol{b}$ 与原约束方程组 $\boldsymbol{A}_x=\boldsymbol{b}$，或 $(\boldsymbol{B},\boldsymbol{N})\begin{pmatrix}\boldsymbol{x}_B\\\boldsymbol{x}_N\end{pmatrix}=\boldsymbol{b}$ 同解，改进了的基础可行解 $\boldsymbol{x}'$ 是由原基础可行解 $\boldsymbol{x}$ 中的新基变量用一个换入变量替代其中一个换出变量，其他的基变量保持不变得出的结果。这些基变量的系数列向量是单位矩阵 $\boldsymbol{E}$ 中的单位列向量。为了求得改进的基础可行解 $\boldsymbol{x}'$，只要对增广矩阵 $\left(\boldsymbol{E},\boldsymbol{B}^{-1}\boldsymbol{N},\boldsymbol{B}^{-1}\boldsymbol{b}\right)$ 施行初等行变换，将换入变量的系数列向量变换成换出变量所对应的单位列向量即可。

第二节　两阶段法求解线性规划问题

在实际问题中，有些线性规划问题的标准形并不含有单位矩阵。为了得到一组初始基向量和初始基础可行解，需要在约束条件的左端加一组虚拟变量，得到一组基变量，这种人为加的变量称为人工变量，构成的可行基称为人工基。用大 M 法或两阶段法求解，这种用人工变量作桥梁的求解方法称为人工变量法或两阶段法。

例如，考虑线性规划问题：

$$\min z=\sum_{j=1}^{n}\boldsymbol{c}_j\boldsymbol{x}_j$$

$$\begin{cases}\sum_{j=1}^{n}a_{ij}x_j=b_i,i=1,2,\cdots,m\\ x_j\geqslant 0,j=1,2,\cdots,n\end{cases}$$

为了在约束方程组的系数矩阵中得到一个 m 阶单位矩阵作为初始可行基，可在每个约束方程的左端加上一个人工变量 $x_{n+i}(i=1,2,\cdots,m)$。因为在添加人工变量 $x_{n+i}(i=1,2,\cdots,m)$ 之前，约束条件已经是等式，再添加的变量是多余的，故称为人工变量，于是可得到

$$\min z=\sum_{j=1}^{n}\boldsymbol{c}_j\boldsymbol{x}_j$$

$$\begin{cases}\sum_{j=1}^{n}a_{ij}x_j+x_{n+i}=b_i,i=1,2,\cdots,m\\ x_j\geqslant 0,j=1,2,\cdots,n\end{cases}$$

添加了 m 个人工变量以后，在系数矩阵中得到一个 m 阶单位矩阵，以此单位矩阵对应的人工变量 $x_{n+i}(i=1,2,\cdots,m)$ 为基变量，即可得到一个初始的基础可行解 $\boldsymbol{x}^{(0)}=(0,0,\cdots,0,b_1,b_2,\cdots,b_m)^{\mathrm{T}}$。这样的基础可行解对原线性规划问题是没有意义的。

但是我们可以从 $\boldsymbol{x}^{(0)}$ 出发进行迭代。一旦所有的人工变量都从基变量中迭代出来，变成只能取零值的非基变量，那么实际上已经求得了原线性规划问题的一个初始的基础可行解。此时，可以把所有的人工变量剔除，开始正式进入求原线性规划问题最优解的过程。

若约束条件中含有“≥”不等式，那么在线性规划问题标准化过程中，除了在不等式左端减去剩余变量外，还必须在左端加上一个非负的人工变量。因为人工变量是在约束条件已为等式的基础上，人为加上去的新变量，所以加入人工变量后的约束条件与原约束条件是不等价的。加上人工变量以后，线性规划问题的基础可行解不一定是原线性规划问题的基础可行解。只有当基础可行解中所有人工变量都为取零值的非基变量时，该基础可行解对原线性规划问题才有意义。此时，只要去掉基础可行解中的人工变量部分，剩余部分即原线性规划问题的一个基础可行解，而这正是引入人工变量的主要目的。

一、大 M 单纯形方法

大 M 单纯形方法是先将线性规划问题化为标准形，如果约束条件中包含有一个单位矩阵，那么已经得到了一个初始可行基。否则在约束条件的左边加上若干个非负的人工变量，使人工变量对应的系数列向量与其他变量的系数列向量共同构成一个单位矩阵，以单位矩阵为初始基，即可求得一个初始的基础可行解。

为了求得原问题的初始基础可行解，必须尽快通过迭代把人工变量从基变量中替换为非基变量。为此，可以在目标函数中赋予人工变量一个任意大的正系数 M，只要基变量中还存在人工变量，目标函数就不可能实现极小化。

以后的计算与单纯形表解法相同，只要认定 M 是一个任意大的正数即可。假如在最优单纯形表的基变量中还包含人工变量，则说明原问题无可行解，否则最优解中剔除人工变量的剩余部分为原问题的初始基础可行解。

二、两阶段单纯形方法

两阶段单纯形方法引入人工变量的原则和目的与大 M 单纯形方法类似，所不同的是处理人工变量的方法。两阶段单纯形方法是将人工变量从基变量中换出，以求出原问题的初始基础可行解。将问题分成两个阶段求解，第一阶段的目标函数是

$$\min w = \sum_{i=1}^{m} R_i$$

式中，R_i——人工变量。

约束条件是加入人工变量后的约束方程，当 $\omega=0$ 且第一阶段的最优解中没有人工变量作基变量时，得到原线性规划问题的一个基础可行解；第二阶段以此为基础对原目标函数求最优解，当第一阶段的最优解 $\omega \neq 0$ 时，说明还有不为零的人工变量是基变量，则原问题无可行解。

两阶段单纯形方法的具体步骤如下：

①求解一个辅助线性规划问题，目标函数取所有人工变量之和。约束条件是原线性规划问题中引入人工变量后包含单位矩阵的标准形的约束条件，如果辅助线性规划问题存在一个基础最优解，且使目标函数的最小值等于零，则所有人工变量都已经“离基”，表明原线性规划问题已经得到了一个初始的基础可

行解，可转入第二阶段继续计算，否则说明原线性规划问题没有可行解，可停止计算。

②求原线性规划问题的最优解，在第一阶段已求得原线性规划问题的一个初始基础可行解的基础上，继续用单纯形方法求原线性规划问题的最优解。

通过大 M 单纯形方法或两阶段方法求初始基础可行解时，如果在大 M 单纯形方法的最优单纯形表的基变量中仍含有人工变量，或者两阶段方法的第一阶段辅助线性规划问题在最优单纯形表中目标函数的极小值大于零，那么该线性规划问题就不存在可行解。

人工变量的值不能取零，说明原线性规划问题的数学模型中，约束条件中出现了相互矛盾的约束方程，此时线性规划问题的可行域为空集。

三、线性规划问题的进一步讨论

（一）定义

当线性规划问题的基础可行解中有一个或多个基变量取零值时，称此基础可行解为退化的基础可行解。

（二）产生的原因

在单纯形方法计算中用最小比值原则确定换出变量时，有时存在两个或两个以上相同的最小比值，那么在下次迭代中就会出现一个甚至多个基变量等于零。

（三）遇到的问题

当某个基变量取值为零，且下次迭代以该基变量作为换出变量时，目标函数并不能因此得到任何改变（由旋转变换性质可知，任何一个换入变量只能仍取零值，其他基变量的取值保持不变）。基变换前后，两个退化的基础可行解的向量形式完全相同。从几何角度来讲，这两个退化的基础可行解对应于线性规划可行域的同一个顶点。

（四）解决的办法用

运用最小比值原则进行计算时，如果存在两个及两个以上相同的最小比值，一般选取下标最大的基变量为换出变量。按此方法进行迭代一定能避免循环现象的出现。

第三节　改进的单纯形方法

一、改进的单纯形方法的特点

利用单纯形表求解线性规划问题时，每一次迭代都需要把整个单纯形表计算一遍，但事实上关注的是以下一些数据。

①基础可行解 $\boldsymbol{x_B}=\boldsymbol{B}^{-1}\boldsymbol{b}$，其相应的目标函数值 $z=\boldsymbol{c_B}\boldsymbol{B}^{-1}\boldsymbol{b}$。

②非基变量检验数 $\boldsymbol{\lambda_N}=\boldsymbol{c_B}\boldsymbol{B}^{-1}\boldsymbol{N}-\boldsymbol{c_N}$，换入基变量 $\boldsymbol{x}_k$ 和换出基变量 $\boldsymbol{x}_l$，

设 $\max\left\{\lambda_j \mid \lambda_j>0\right\}=\lambda_k$，$j$ 为非基变量下标，则由检验数 λ_k 确定了换入基变量 x_k，同时也确定了主元列元素 $\boldsymbol{B}^{-1}\boldsymbol{P}_k$，再由主元列元素 $\boldsymbol{B}^{-1}\boldsymbol{P}_k$ 得

$$\min\left\{\frac{\left(\boldsymbol{B}^{-1}\boldsymbol{b}\right)_i}{\left(\boldsymbol{B}^{-1}\boldsymbol{P}_k\right)_i} \mid \left(\boldsymbol{B}^{-1}\boldsymbol{P}_k\right)_i>\boldsymbol{0}, i\text{ 为基变量下标}\right\}=\frac{\left(\boldsymbol{B}^{-1}\boldsymbol{b}_i\right)_l}{\left(\boldsymbol{B}^{-1}+\boldsymbol{P}_k\right)_l}$$

确定被换出的基变量 $\boldsymbol{x}_l$，由此得到一组新的基变量以及新的可行基 $\boldsymbol{B}_l$。

对任何一个基础可行解 $\boldsymbol{x}$，只要知道了 $\boldsymbol{B}^{-1}$，上述的关键数据都可以通过线性规划问题的初始数据直接计算出来。因此，如何计算基础可行解 $\boldsymbol{x}$ 对应的可行基 $\boldsymbol{B}$ 的逆降 $\boldsymbol{B}^{-1}$，成为改进单纯形方法的关键。

为改进单纯形方法，可以导出从可行基 $\boldsymbol{B}$ 变换到 $\boldsymbol{B}_1$ 时 $\boldsymbol{B}^{-1}$ 到 $\boldsymbol{B}_1^{-1}$ 的变换公式。当初始可行基为单位矩阵 $\boldsymbol{E}$ 时，变换公式将更具有优越性，因为这样可以避免矩阵求逆的麻烦。

下面推导从 $\boldsymbol{B}^{-1}$ 到 $\boldsymbol{B}_1^{-1}$ 的变换公式，假设当前基：

$$\boldsymbol{B}=\left(\boldsymbol{P}_1,\boldsymbol{P}_2,\cdots,\boldsymbol{P}_{l-1},\boldsymbol{P}_l,\boldsymbol{P}_{l+1},\cdots,\boldsymbol{P}_m\right)$$

在基变换中用非基变量取代基变量，可得新基：

$$\boldsymbol{B}_1=\left(\boldsymbol{P}_1,\boldsymbol{P}_2,\cdots,\boldsymbol{P}_{l-1},\boldsymbol{P}_l,\boldsymbol{P}_{l+1},\cdots,\boldsymbol{P}_m\right)$$

前后两个基相比仅相差一列，且

$$B^{-1}B=\left(B^{-1}P_1,B^{-1}P_2,\cdots,B^{-1}P_{l-1},B^{-1}P_l,B^{-1}P_{l+1},\cdots,B^{-1}P_m\right)$$

$$=\begin{pmatrix}1&\cdots&0\\\vdots&\ddots&\vdots\\0&\cdots&1\end{pmatrix}_{m\times m}$$

$$B^{-1}B_1=\left(B^{-1}P_1,B^{-1}P_2,\cdots,B^{-1}P_{l-1},B^{-1}P_l,B^{-1}P_{l+1},\cdots,B^{-1}P_m\right)$$

$$=\left(e_1,e_2,\cdots,e_{l-1},B^{-1}P_l,e_{l+1},\cdots,e_m\right)$$

式中，e_i 表示第 i 个元素为 1，其他元素均为零的单位列向量，$B^{-1}P_k$ 为主元列元素。

假设 $B^{-1}P_l=\begin{pmatrix}a'_{1k}\\a'_{2k}\\\vdots\\a'_{lk}\\\vdots\\a'_{mk}\end{pmatrix}$，则 $E_{lk}=\left(B^{-1}B_1\right)^{-1}=\begin{pmatrix}1&&-\frac{a'_{1k}}{a'_{lk}}&&0\\&\ddots&-\frac{a'_{2k}}{a'_{lk}}&\cdot^{\cdot^{\cdot}}&\\&&\vdots&&\\&&\frac{1}{a'_{lk}}&&\\&\vdots&\ddots&&\\&\cdot^{\cdot^{\cdot}}&\vdots&\ddots&\\0&&-\frac{a'_{mk}}{a'_{lk}}&&1\end{pmatrix}$

所以，由 $E_{lk}=\left(B^{-1}B_1\right)^{-1}=B_1^{-1}B$ 可以推出：$B_1^{-1}=E_{lk}B^{-1}$。

二、改进的单纯形方法的步骤

①根据给出的线性规划问题的标准形，确定初始基变量和初始可行基 B，求初始可行基 B 的逆阵 B^{-1}，得初始基础可行解：

$$x_B=B^{-1}b,x_N=0$$

②计算单纯形算子 $\pi=c_BB^{-1}$，得目标函数当前值 $z=c_BB^{-1}b=\pi b$。

③计算非基变量检验数 $\lambda_N=c_BB^{-1}N-c_N=\pi N-c_N$，若 $\lambda_N\leqslant 0$，则当前解已是最优解，停止计算；否则转下一步。

④根据 $\max\left\{\lambda_j|\ \lambda_j>0\right\}=\lambda_k$，确定非基变量 x_k 为换入变量，计算 $B^{-1}P_k$，若

$\boldsymbol{B}^{-1}\boldsymbol{P}_k \leqslant \boldsymbol{0}$，则原线性规划问题没有有限最优解；停止计算，否则转下一步。

⑤根据 $\min\left\{\frac{\left(\boldsymbol{B}^{-1}\boldsymbol{b}\right)_i}{\left(\boldsymbol{B}^{-1}\boldsymbol{P}_k\right)_i} \middle| \left(\boldsymbol{B}^{-1}\boldsymbol{P}_k\right)_i > \boldsymbol{0}\right\} = \frac{\left(\boldsymbol{B}^{-1}\boldsymbol{b}\right)_l}{\left(\boldsymbol{B}^{-1}\boldsymbol{P}_k\right)_l}$，确定基变量 $\boldsymbol{x}_l$ 为换出变量。

⑥用 $\boldsymbol{P}_k$ 替代 $\boldsymbol{P}_l$ 得新基 $\boldsymbol{B}_1$，由变换公式 $\boldsymbol{B}_1^{-1} = \boldsymbol{E}_{lk}\boldsymbol{B}^{-1}$ 计算新基的逆矩阵 $\boldsymbol{B}_1^{-1}$，求出新的基础可行解，其中 $\boldsymbol{E}_{lk}$ 为变换矩阵，其构造方法是：从一个单位矩阵出发，把换出变量 $\boldsymbol{x}_l$ 在基 $\boldsymbol{B}$ 中的对应列的单位向量替换成换入变量 $\boldsymbol{x}_k$ 对应的系数列向量 $\boldsymbol{B}^{-1}\boldsymbol{P}_k$，并进行变形：主元素 a_{lk}'（应在主对角线上）取倒数，其他元素除以主元素 a_{lk}' 并取相反数。

重复步骤②～⑥，直至求得最优解。

第五章　对偶规划

第一节　对偶规划问题及其数学模型

对偶单纯形方法是线性规划的重要内容，其理论基础是对偶理论。对偶理论的主要内容是：对于每一个线性规划问题 P 称其为原问题，总存在与它对偶的另一个线性规划问题 D，称其为对偶问题。问题 P 与问题 D 之间存在着密切的联系，即它们各自所包含的信息量是一致的，把这两个问题统一考虑往往会比单独考虑其中一个问题更为方便有利。

例如，在生产计划安排问题中，已知某企业现有的生产资料包括设备 18 台、原材料 A 4 t、原材料 B 12 t。用这些生产资料可以生产甲、乙两种产品，并且已知单位产品的资料消耗与利润。这些数据列于表 5-1。

表 5-1　某企业的生产资料与产品

原材料	产品		生产资料
	甲	乙	
	3	2	18 台时
A/t	1	0	4
B/t	0	2	12
单位利润 / 万元	3	5	

如果该企业的领导者想改变一下经营策略，即不生产产品，而将其拥有的所有资源出租或外售，那么应该如何给每种资源定价呢？

设用 y_1，y_2，y_3 分别表示出租单位设备台时的租金和出让单位原材料 A 与 B

的价格。决策者在定价时应有一个基本的想法：出租或出让用于生产单位产品的资源的收入要不低于单位产品的利润，否则就应安排自己生产。同时，单位资源的价格不宜太高。因此，一个合理的定价策略应是：在不小于产品利润的条件下，出租或出让的总收入至少是多少才能满意。为此，建立如下的线性规划问题：

$$\min w = 18y_1 + 4y_2 + 12y_3$$

$$\text{s. t.} \begin{cases} 3y_1 + y_2 \geqslant 3 \\ 2y_1 + 2y_3 \geqslant 5 \\ y_1, y_2, y_3 \geqslant 0 \end{cases}$$

这个线性规划问题是生产计划安排问题模型的对偶问题。

为了便于理解对偶问题的建模过程，首先考虑一类特殊形式的线性规划问题 P：

$$\max z = c_1x_1 + c_2x_2 + \cdots + c_nx_n \tag{5-1}$$

$$\text{s. t.} \begin{cases} a_{11}x_1 + a_{12}x_2 + \cdots + a_{1n}x_n \leqslant b_1 \\ a_{21}x_1 + a_{22}x_2 + \cdots + a_{2n}x_n \leqslant b_2 \\ \cdots\cdots \\ a_{m1}x_1 + a_{m2}x_2 + \cdots + a_{mn}x_n \leqslant b_m \\ x_1 \geqslant 0, x_2 \geqslant 0, \cdots, x_n \geqslant 0 \end{cases} \tag{5-2}$$

问题 P 也称为线性规划的对称形式。问题 P 的对偶问题 D 定义为

$$\min w = b_1y_1 + b_2y_2 + \cdots + b_my_m \tag{5-3}$$

$$\text{s. t.} \begin{cases} a_{11}y_1 + a_{21}y_2 + \cdots + a_{m1}y_m \geqslant c_1 \\ a_{12}y_1 + a_{22}y_2 + \cdots + a_{m2}y_m \geqslant c_2 \\ \cdots\cdots \\ a_{1n}y_1 + a_{2n}y_2 + \cdots + a_{mn}y_n \geqslant c_n \\ y_1 \geqslant 0, y_2 \geqslant 0, \cdots, y_m \geqslant 0 \end{cases} \tag{5-4}$$

称问题 D 是问题 P 的对偶问题，问题 P 称为原问题，问题 P 与问题 D 合在一起称为一对对称的对偶规划问题，或称为对称的原始对偶问题。

如果用矩阵表来表示这两个规划问题，则两者之间的关系就更为明显了，见表 5-2。

表 5-2　矩阵

	max z				min w
$\geqslant 0$	x_1	x_2	…	x_n	$\leqslant$
y_1	a_{11}	a_{12}	…	a_{1n}	b_1
y_2	a_{21}	a_{22}	…	a_{2n}	b_2
⋮	⋮	⋮		⋮	⋮
y_n	a_{m1}	a_{m2}	…	a_{mn}	b_m
$\geqslant$	c_1	c_2	…	c_n	

从表 5-2 中可以看出，将表中的数 a_{ij} 所在的第 i 行与 x_j 对应相乘再相加后不大于这一行右边的数 b_i，就是原问题 P 的第 i 个约束条件，最后一行 c_j 与 x_j 对应相乘再相加就是原问题 P 的目标函数 z。类似，将 a_{ij} 所在的第 j 列与 y_i 对应相乘再相加后不小于这一列下端的数 c_j 就是对偶问题 D 的第 j 个约束条件，最后一列 b_i 与 y_i 对应相乘再相加是对偶问题 D 的目标函数 ω。

例题 5-1：设原问题 P

$$\max z = 3x_1 + 5x_2$$

$$\text{s. t.} \begin{cases} 3x_1 + 2x_2 \leqslant 18 \\ x_1 \leqslant 4 \\ 2x_2 \leqslant 12 \\ x_1 \geqslant 0, x_2 \geqslant 0 \end{cases}$$

试建立它的对偶问题。

解：列表 5-3。

表 5-3　原问题

	max z		min w
$\geqslant 0$	x_1	x_2	$\leqslant$
y_1	3	2	18
y_2	1	0	4
y_3	0	2	12
$\geqslant$	3	5	

从表5-3中可以方便地建立对偶问题：

$$\min w = 18y_1 + 4y_2 + 12y_3$$

$$\text{s. t.} \begin{cases} 3y_1 + y_2 \geqslant 3 \\ 2y_1 + 2y_3 \geqslant 5 \\ y_1 \geqslant 0, y_2 \geqslant 0, y_3 \geqslant 0 \end{cases}$$

当然，在明确了原问题 P 与对偶问题 D 的约束条件及目标函数之间的关系后，也可以直接建立其数学模型，而不需列表。

对称形式的线性规划问题与其对偶问题的矩阵表述如下：

问题 P：

$$\max z = \boldsymbol{CX}$$

$$\text{s. t.} \begin{cases} \boldsymbol{AX} \leqslant \boldsymbol{b} \\ \boldsymbol{X} \geqslant \boldsymbol{0} \end{cases}$$

问题 D：

$$\min w = \boldsymbol{Yb}$$

$$\text{s. t.} \begin{cases} \boldsymbol{YA} \geqslant \boldsymbol{C} \\ \boldsymbol{Y} \geqslant \boldsymbol{0} \end{cases}$$

式中，$\boldsymbol{A}=(a_{ij})$ 是 $m \times n$ 系数矩阵，$\boldsymbol{C}=(c_1,c_2,\cdots,c_n)$ 是 n 维行向量 $\boldsymbol{b}=(b_1,b_2,\cdots,b_m)^{\mathrm{T}}$ 是 m 维列向量，$\boldsymbol{X}=(x_1,x_2,\cdots,x_n)^{\mathrm{T}}$ 是 n 维列向量，$\boldsymbol{Y}=(y_1, y_2,\cdots,y_m)$ 是 m 维行向量。

命题5-1：对偶问题 D 的对偶是原问题 P。

证明：令 $w' = w$，则问题 D 的对称形式为

$$\max w' = -\boldsymbol{Yb}$$

$$\text{s. t.} \begin{cases} -\boldsymbol{YA} \leqslant -\boldsymbol{C} \\ \boldsymbol{Y} \geqslant \boldsymbol{0} \end{cases}$$

它的对偶问题是

$$\min z' = -\boldsymbol{CX}$$

$$\text{s. t.} \begin{cases} -\boldsymbol{AX} \geqslant -\boldsymbol{b} \\ \boldsymbol{X} \geqslant \boldsymbol{0} \end{cases}$$

令 $z=-z'$，即得到问题 P。

因此称问题 P 与问题 D 是一对对偶问题。下面接着讨论其他形式的对偶问题。

1. 非对称的对偶规划问题

设原问题具有标准形。

问题 P_1：

$$\max z=\boldsymbol{CX}$$

$$\begin{cases}\boldsymbol{AX}=\boldsymbol{b}\\ \boldsymbol{X}\geqslant\boldsymbol{0}\end{cases}$$

由于一个等式等价于两个不等式，先把标准形化为对称形式为，即

$$\max z=\boldsymbol{CX}$$

$$\text{s. t.}\begin{cases}\boldsymbol{AX}\leqslant\boldsymbol{b}\\ -\boldsymbol{AX}\geqslant-\boldsymbol{b}\\ \boldsymbol{X}\geqslant\boldsymbol{0}\end{cases}$$

其对偶问题为

$$\min w=\boldsymbol{Y}^1\boldsymbol{b}-\boldsymbol{Y}^2\boldsymbol{b}$$

$$\text{s. t.}\begin{cases}\boldsymbol{Y}^1\boldsymbol{A}-\boldsymbol{Y}^2\boldsymbol{A}\geqslant\boldsymbol{C}\\ \boldsymbol{Y}^1\geqslant\boldsymbol{0},\boldsymbol{Y}^2\geqslant\boldsymbol{0}\end{cases}$$

令 $\boldsymbol{Y}=\boldsymbol{Y}^1-\boldsymbol{Y}^2$，则上述问题可改写为问题 D_1：

$$\min w=\boldsymbol{Yb}$$

$$\text{s. t.}\begin{cases}\boldsymbol{YA}\geqslant\boldsymbol{C}\\ \boldsymbol{Y}\ \text{无约束}\end{cases}$$

可见，问题 D_1 是问题 P_1 的对偶问题，并称问题 P_1 与问题 D_1 是非对称的对偶规划。

2. 一般形式的对偶规划问题

设原问题具有下述形式：

问题 P_2：

$$\max z=\boldsymbol{C}^1\boldsymbol{X}^1+\boldsymbol{C}^2\boldsymbol{X}^2$$

$$\text{s. t.} \begin{cases} \boldsymbol{A}_{11}\boldsymbol{X}^1 + \boldsymbol{A}_{12}\boldsymbol{X}^2 \leqslant \boldsymbol{b}^1 \\ \boldsymbol{A}_{21}\boldsymbol{X}^1 + \boldsymbol{A}_{22}\boldsymbol{X}^2 \leqslant \boldsymbol{b}^2 \\ \boldsymbol{X}^1 \geqslant \boldsymbol{0}, \boldsymbol{X}^2 \text{ 无约束} \end{cases}$$

式中，$\boldsymbol{A}_{ij}$ 是 $m_i \times n_j$ 矩阵，$m_1 + m_2 = m$，$n_1 + n_2 = n$；$\boldsymbol{b}^1$ 与 $\boldsymbol{b}^2$ 分别是 m_1 与 m_2 维列向量；$\boldsymbol{C}^1$ 与 $\boldsymbol{C}^2$ 分别是 n_1 与 n_2 维行向量；$\boldsymbol{X}^1$ 与 $\boldsymbol{X}^2$ 分别是 n_1 与 n_2 维列向量。

问题 P_2 的对称形式为

$$\max z = \boldsymbol{C}^1\boldsymbol{X}^1 + \boldsymbol{C}^2\boldsymbol{X}^{21} - \boldsymbol{C}^2\boldsymbol{X}^{22}$$

$$\text{s. t.} \begin{cases} \boldsymbol{A}_{11}\boldsymbol{X}^1 + \boldsymbol{A}_{12}\boldsymbol{X}^{21} - \boldsymbol{A}_{12}\boldsymbol{X}^{22} \leqslant \boldsymbol{b}^1 \\ \boldsymbol{A}_{21}\boldsymbol{X}^1 + \boldsymbol{A}_{22}\boldsymbol{X}^{21} - \boldsymbol{A}_{22}\boldsymbol{X}^{22} \leqslant \boldsymbol{b}^2 \\ -\boldsymbol{A}_{21}\boldsymbol{X}^1 - \boldsymbol{A}_{22}\boldsymbol{X}^{21} + \boldsymbol{A}_{22}\boldsymbol{X}^{22} \leqslant -\boldsymbol{b}^2 \\ \boldsymbol{X}^1 \geqslant \boldsymbol{0}, \boldsymbol{X}^{21} \geqslant \boldsymbol{0}, \boldsymbol{X}^{22} \geqslant \boldsymbol{0} \end{cases}$$

式中，$\boldsymbol{X}^2 = \boldsymbol{X}^{21} - \boldsymbol{X}^{22}$。

利用对称形式，容易写出它的对偶问题：

$$\min w = \boldsymbol{Y}^1\boldsymbol{b}^1 + \boldsymbol{Y}^{21}\boldsymbol{b}^2 - \boldsymbol{Y}^{22}\boldsymbol{b}^2$$

$$\text{s. t.} \begin{cases} \boldsymbol{Y}^1\boldsymbol{A}_{11} + \boldsymbol{Y}^{21}\boldsymbol{A}_{21} - \boldsymbol{Y}^{22}\boldsymbol{A}_{21} \geqslant \boldsymbol{C}^1 \\ \boldsymbol{Y}^1\boldsymbol{A}_{12} + \boldsymbol{Y}^{21}\boldsymbol{A}_{22} - \boldsymbol{Y}^{22}\boldsymbol{A}_{22} \geqslant \boldsymbol{C}^2 \\ -\boldsymbol{Y}^1\boldsymbol{A}_{12} - \boldsymbol{Y}^{21}\boldsymbol{A}_{22} + \boldsymbol{Y}^{22}\boldsymbol{A}_{22} \geqslant -\boldsymbol{C}^2 \\ \boldsymbol{Y}^1 \geqslant \boldsymbol{0}, \boldsymbol{Y}^{21} \geqslant \boldsymbol{0}, \boldsymbol{Y}^{22} \geqslant \boldsymbol{0} \end{cases}$$

令 $\boldsymbol{Y}^2 = \boldsymbol{Y}^{21} - \boldsymbol{Y}^{22}$，则可化为问题 D_2

$$\min w = \boldsymbol{Y}^1\boldsymbol{b}^1 + \boldsymbol{Y}^2\boldsymbol{b}^2$$

$$\text{s. t.} \begin{cases} \boldsymbol{Y}^1\boldsymbol{A}_{11} + \boldsymbol{Y}^2\boldsymbol{A}_{21} \geqslant \boldsymbol{C}^1 \\ \boldsymbol{Y}^1\boldsymbol{A}_{12} + \boldsymbol{Y}^2\boldsymbol{A}_{22} = \boldsymbol{C}^2 \\ \boldsymbol{Y}^1 \geqslant 0, \boldsymbol{Y}^2 \text{ 无约束} \end{cases}$$

称问题 P_2 与问题 D_2 是混合型的对偶规划。

可以验证：一般的线性规划的原问题与对偶问题的关系可以归纳为表 5-4，称为对偶关系变换表。

①若原问题要求目标函数有最大值（最小值），则对偶问题要求目标函数有最小值（最大值）。

②原问题的资源系数是对偶问题的价值系数；原问题的价值系数是对偶问

题的资源系数。

③原问题的一个约束条件对应于对偶问题的一个变量。

④原问题的一个变量对应于对偶问题的一个约束条件。

例题 5-2：试写出下列线性规划的对偶规划。

$$\min z = 2x_1 + 3x_2 - 5x_3 + x_4$$

$$\text{s. t.} \begin{cases} x_1 + x_2 - 3x_3 + x_4 \geqslant 5 \\ 2x_1 + 2x_3 - x_4 \leqslant 4 \\ x_2 + x_3 + x_4 = 6 \\ x_1 \leqslant 0, x_2, x_3 \geqslant 0, x_4 \text{ 无约束} \end{cases}$$

解法一：利用表 5-4，原问题是求目标函数的最小值。因此，应将表 5-4 的右边列作为原问题，从而写出其对偶问题（表 5-4 的左边列）。

表 5-4　对偶关系变换

原问题（或对偶问题）		对偶问题（或原问题）	
目标函数 max z		目标函数 min w	
变量	n 个	约束条件	n 个
	$\geqslant 0$		$\geqslant$
	$\leqslant 0$		$\leqslant$
	无约束		=
约束条件	m 个	变量	m 个
	$\leqslant$		$\geqslant 0$
	$\geqslant$		$\leqslant 0$
	=		无约束
资源系数 b		价值系数 b	
价值系数 C		资源系数 C	

设对应于原问题的约束条件的 3 个对偶变量为 y_1，y_2，y_3，则其对偶问题为：

$$\max w = 5y_1 + 4y_2 + 6y_3$$

$$\text{s. t.} \begin{cases} y_1 + 2y_2 \geqslant 2 \\ y_1 + y_3 \leqslant 3 \\ -3y_1 + 2y_2 + y_3 \leqslant -5 \\ y_1 - y_2 + y_3 = 1 \\ y_1 \geqslant 0, y_2 \leqslant 0, y_3 \text{ 无约束} \end{cases}$$

解法二：先把问题化为对称形式。

令$z' = -z, x_1' = -x_1, x_4 = x_4' - x_4''$，则原问题化为

$$\max z' = 2x'_1 - 3x_2 + 5x_3 - x'_4 + x''_4$$

$$\text{s. t.} \begin{cases} x'_1 - x_2 + 3x_3 - x'_4 + x''_4 \leqslant -5 \\ -2x'_1 + 2x_3 - x'_4 + x''_4 \leqslant 4 \\ x_2 + x_3 + x'_4 - x''_4 \leqslant 6 \\ -x_2 - x_3 - x'_4 + x''_4 \leqslant -6 \\ x'_1 \geqslant 0, x_2 \geqslant 0, x_3 \geqslant 0, x'_4 \geqslant 0, x''_4 \geqslant 0 \end{cases}$$

其对偶问题是

$$\min w' = -5y_1 + 4y_2 + 6y_3 - 6y_4$$

$$\text{s. t.} \begin{cases} y_1 - 2y_2 \geqslant 2 \\ -y_1 + y_3 - y_4 \geqslant -3 \\ 3y_1 + 2y_2 + y_3 - y_4 \geqslant 5 \\ -y_1 - y_2 + y_3 - y_4 \geqslant -1 \\ y_1 + y_2 - y_3 + y_4 \geqslant 1 \\ y_1 \geqslant 0, y_2 \geqslant 0, y_3 \geqslant 0, y_4 \geqslant 0 \end{cases}$$

用y_2, y_3, w分别替代上式中的$-y_2, y_4 - y_3$，$-w'$，则得

$$\max w = 5y_1 + 4y_2 + 6y_3$$

$$\text{s. t.} \begin{cases} y_1 + 2y_2 \geqslant 2 \\ y_1 + y_3 \leqslant 3 \\ 3y_1 - 2y_2 - y_3 \geqslant 5 \\ y_1 - y_2 + y_3 \geqslant 1 \\ y_1 \geqslant 0, y_2 \leqslant 0, y_3 \text{ 无约束} \end{cases}$$

第二节　对偶理论

给定一对对偶规划问题如下：

问题P：

$$\max z = \boldsymbol{CX}$$

$$\text{s.t.}\begin{cases}\boldsymbol{AX}\leqslant\boldsymbol{b}\\\boldsymbol{X}\geqslant\boldsymbol{0}\end{cases}$$

问题 D：

$$\min w=\boldsymbol{Yb}$$

$$\text{s.t.}\begin{cases}\boldsymbol{YA}\geqslant\boldsymbol{C}\\\boldsymbol{Y}\geqslant\boldsymbol{0}\end{cases}$$

性质 5-1（对称性）：对偶问题 D 的对偶是原问题 P。

性质 5-2（弱对偶性）：设 $\boldsymbol{X}$ 是问题 P 的可行解，$\boldsymbol{Y}$ 是问题 D 的可行解，则

$$\boldsymbol{CX}\leqslant\boldsymbol{Yb}$$

证明：由于 $\boldsymbol{X}$ 与 $\boldsymbol{Y}$ 分别是问题 P 与问题 D 的可行解，所以有

$$\boldsymbol{CX}\leqslant(\boldsymbol{YA})\boldsymbol{X}=\boldsymbol{Y}(\boldsymbol{AX})\leqslant\boldsymbol{Yb}$$

性质 5-3：设 $\boldsymbol{X}$、$\boldsymbol{Y}$ 分别是问题 P 与问题 D 的可行解，并且 $\boldsymbol{CX}^0=\boldsymbol{Y}^0\boldsymbol{b}$，则 $\boldsymbol{X}^0$ 与 $\boldsymbol{Y}^0$ 分别是问题 P 与问题 D 的最优解。

证明：设 $\boldsymbol{X}$ 与 $\boldsymbol{Y}$ 分别是问题 P 与问题 D 的任意一个可行解，则由性质 5-2 可知：

$$\boldsymbol{CX}\leqslant\boldsymbol{Y}^0\boldsymbol{b}=\boldsymbol{CX}^0,$$

$$\boldsymbol{Yb}\geqslant\boldsymbol{CX}^0=\boldsymbol{Y}^0\boldsymbol{b}$$

所以，$\boldsymbol{X}^0$ 与 $\boldsymbol{Y}^0$ 都是最优解。

性质 5-4：问题 P 与问题 D 都有最优解的充要条件是它们都有可行解。

证明：必要性是显然的，下面仅证充分性。

设问题 P 与问题 D 分别有可行解 $\boldsymbol{X}^0$、$\boldsymbol{Y}^0$。由性质 5-2 可知，目标函数 $\boldsymbol{CX}$ 在可行域 Ω 上有上界 $\boldsymbol{Y}^0\boldsymbol{b}$，而目标函数 $\boldsymbol{Yb}$ 在其可行域上有下界 $\boldsymbol{CX}^0$。所以，它们一定都有最优解。

定理 5-1：假设问题 P、问题 D 有一个存在最优解，则另一个也一定有最优解，并且它们的目标函数最优值相等。

证明：设问题 P 有最优解，且不妨设问题 P 形式为

$$\max z=\boldsymbol{CX}$$

$$\text{s.t.}\begin{cases}\boldsymbol{AX}\leqslant\boldsymbol{b}\\\boldsymbol{X}\geqslant\boldsymbol{0}\end{cases}$$

其对偶问题（D）为

$$\min w = \boldsymbol{Yb}$$

$$\text{s. t.} \begin{cases} \boldsymbol{YA} \geqslant \boldsymbol{C} \\ \boldsymbol{Y} \text{ 无约束} \end{cases}$$

由单纯形方法求解上述规划问题，得到一个最优基可行解为 $\boldsymbol{X}^0$，它对应的基矩阵为 $\boldsymbol{B}$，对应的基变量是 $x_{i_1}, x_{i_2}, \cdots, x_{i_m}$。

现在选取 $\boldsymbol{C}$ 中对应的系数 $c_{i_1}, c_{i_2}, \cdots, c_{i_m}$ 组成向量 $\boldsymbol{C_B}$，令 $\boldsymbol{Y}^0 = \boldsymbol{C_B B}^{-1}$。现在证明 $\boldsymbol{Y}^0$ 是问题 D 的最优解。

由于假定 $\boldsymbol{X}^0$ 是一个最优基可行解，故它的所有检验数都非正，即若 x_j 是非基变量，则有

$$c_j - \boldsymbol{C_B B}^{-1} \boldsymbol{P}_j \leqslant \boldsymbol{0}$$

若 x_j 是基变量，就有

$$c_j - \boldsymbol{C_B B}^{-1} \boldsymbol{P}_j = \boldsymbol{0}$$

上述两式合并成矩阵形式为

$$\boldsymbol{C} - \boldsymbol{C_B B}^{-1} \boldsymbol{A} \leqslant \boldsymbol{0}$$

即

$$\boldsymbol{Y}^0 \boldsymbol{A} \geqslant \boldsymbol{C}$$

这说明 $\boldsymbol{Y}^0 = \boldsymbol{C_B B}^{-1}$ 是问题 D 的可行解。

并且：

$$\boldsymbol{Y}^0 \boldsymbol{b} = \boldsymbol{C_B B}^{-1} \boldsymbol{b} = \boldsymbol{CX}^0$$

由性质 5-3 可知，$\boldsymbol{Y}^0$ 确实是问题 D 的最优解。

类似可以验证，如果问题 D 有最优解，则问题 P 也有最优解。

在定理 5-1 的证明过程中构造的 $\boldsymbol{Y}^0 = \boldsymbol{C_B B}^{-1}$ 也称为线性规划问题的单纯形算子，它在经济学中也被称为影子价格。这个单纯形算子可以在单纯形表上直接找出，当 x_{n+i} 是非基变量时，$y_i^0 = -\sigma_{n+i}$；当 x_{n+i} 是基变量时，$y_i^0 = 0$。

对于如下的一对对偶问题：

问题 P：

$$\max z = \boldsymbol{CX}$$

$$\text{s. t.} \begin{cases} \boldsymbol{AX} = \boldsymbol{b} \\ \boldsymbol{X} \geqslant \boldsymbol{0} \end{cases}$$

其对偶问题 D：

$$\min w = \boldsymbol{Yb}$$

$$\text{s. t.} \begin{cases} \boldsymbol{YA} \geqslant \boldsymbol{C} \\ \boldsymbol{Y} \text{无约束} \end{cases}$$

推论 5-1：问题 P 的单纯形表的检验数行对应于问题 D 的一个基解。其对应关系如表 5-5 所列。

表 5-5 推论 5-1

$\boldsymbol{X}_B$	$\boldsymbol{X}_N$	$\boldsymbol{X}_s$
$\boldsymbol{0}$	$\boldsymbol{C}_N - \boldsymbol{C}_B\boldsymbol{B}^{-1}\boldsymbol{N}$	$\boldsymbol{C}_B\boldsymbol{B}^{-1}$
$\boldsymbol{Y}_{si}$	$-\boldsymbol{Y}_{s2}$	$-\boldsymbol{Y}$

证明：设 $\boldsymbol{B}$ 是问题 P 的一个可行基阵，不妨设 $\boldsymbol{A}$=($\boldsymbol{B},\boldsymbol{N}$)，将问题 P 改写成：

$$\max z = \boldsymbol{C}_B\boldsymbol{X}_B + \boldsymbol{C}_N\boldsymbol{X}_N$$

$$\text{s. t.} \begin{cases} \boldsymbol{BX}_B + \boldsymbol{NX}_N = \boldsymbol{b} \\ \boldsymbol{X}_B, \boldsymbol{X}_N \geqslant \boldsymbol{0} \end{cases}$$

相应地，其对偶问题可改写成：

$$\min w = \boldsymbol{Yb}$$

$$\text{s. t.} \begin{cases} \boldsymbol{YB} - \boldsymbol{Y}_{s1} = \boldsymbol{C}_B \\ \boldsymbol{YN} - \boldsymbol{Y}_{s2} = \boldsymbol{C}_N \\ \boldsymbol{Y}_{s1},\ \boldsymbol{Y}_{s2} \geqslant \boldsymbol{0},\ \boldsymbol{Y} \text{ 无约束} \end{cases}$$

式中，$\boldsymbol{Y}_s = \left(\boldsymbol{Y}_{s1}, \boldsymbol{Y}_{s2}\right)$。

记 $\boldsymbol{X}^0 = \left(\boldsymbol{B}^{-1}\boldsymbol{b}, \boldsymbol{0}\right)^{\mathrm{T}}$ 表示问题 P 的一个基可行解，其相应的检验数为

$$\boldsymbol{\sigma}_B = \boldsymbol{0},\ \boldsymbol{\sigma}_N = \boldsymbol{C}_N - \boldsymbol{C}_B\boldsymbol{B}^{-1}\boldsymbol{N},\ \boldsymbol{\sigma}_s = -\boldsymbol{C}_B\boldsymbol{B}^{-1}$$

令 $\boldsymbol{Y}=\boldsymbol{C}_B\boldsymbol{B}^{-1}$，代入对偶问题的变形中，可得

$$\boldsymbol{Y}_{s1}=\boldsymbol{0}$$

$$\boldsymbol{Y}_{s2}=\boldsymbol{\sigma}_N=\boldsymbol{C}_N-\boldsymbol{C}_B\boldsymbol{B}^{-1}\boldsymbol{N}$$

进一步，若 $\boldsymbol{X}^0=\left(\boldsymbol{B}^{-1}\boldsymbol{b},\boldsymbol{0}\right)^{\mathrm{T}}$ 是问题 P 的最优解，则其相应的检验数也是问题 D 的最优解。

综合上述所有的结论可知，一对对偶的线性规划问题的解之间只能出现下列三种情况：

①两个问题都有最优解。

②两个问题都没有可行解。

③一个问题有可行解，另一个问题没有可行解，并且它们都无最优解。

当一个线性规划问题有最优解时，如何才能找出其对偶问题的最优解呢？除了使用单纯形表之外，还可以利用互补松弛定理。

对于问题 P 与问题 D，可以在其各有的 $m+n$ 个约束条件中建立对偶关系：$a_{i1}x_1+a_{i2}x_2+\cdots+a_{in}x_n\leqslant b_i$ 与 $y_i\geqslant 0$，$i=1,2,\cdots,m$ 称为一对对偶约束；$x_j\geqslant 0$ 与 $a_{1j}y_1+a_{2j}y_2+\cdots+a_{mj}y_m\geqslant c_j$，$j=1,2,\cdots,n$ 也称为一对对偶约束。

如果每个最优解都使某个约束取等号，则称该约束条件是紧约束，不是紧约束的约束条件称为松约束。

为了表述方便，现将系数矩阵 $\boldsymbol{A}$ 分别按行、列分块。记 $\boldsymbol{A}_1$，$\boldsymbol{A}_2$，…，$\boldsymbol{A}_m$ 是 $\boldsymbol{A}$ 的 m 个行向量，$\boldsymbol{P}_1$，$\boldsymbol{P}_2$，…，$\boldsymbol{P}_n$ 是 $\boldsymbol{A}$ 的 n 个列向量。这样，问题 P 与问题 D 也可重写如下：

问题 P：

$$\max z=\boldsymbol{CX}$$

$$\text{s. t.}\begin{cases}\boldsymbol{A}_i\boldsymbol{X}\leqslant b_i, & i=1,2,\cdots,m\\ \boldsymbol{X}\geqslant\boldsymbol{0}\end{cases}$$

问题 D：

$$\min w=\boldsymbol{Yb}$$

$$\text{s. t.}\begin{cases}\boldsymbol{YP}_j\geqslant c_j, & j=1,2,\cdots,n\\ \boldsymbol{Y}\geqslant 0\end{cases}$$

定理 5-2（互补松弛定理）：设 $\boldsymbol{X}^0$ 与 $\boldsymbol{Y}^0$ 分别是问题 P、问题 D 的可行解，

则 $\boldsymbol{X}^0$ 与 $\boldsymbol{Y}^0$ 都是最优解的充要条件是：如果 $\boldsymbol{A}_i\boldsymbol{X}^0 < \boldsymbol{b}_i$，则 $y_i^0 = 0$；如果 $y_i^0 > 0$，则 $\boldsymbol{A}_i\boldsymbol{X}^0 = b_i$；如果 $\boldsymbol{Y}^0\boldsymbol{P}_j > c_j$，则 $x_j^0 = 0$；如果 $x_j^0 > 0$，则 $\boldsymbol{Y}^0\boldsymbol{P}_j = c_j$。

证明：充分性。由于 $\boldsymbol{X}^0$、$\boldsymbol{Y}^0$ 都是可行解，由充分条件有 $\boldsymbol{C}\boldsymbol{X}^0 = \boldsymbol{Y}^0\boldsymbol{b}$，即 $\boldsymbol{X}^0$、$\boldsymbol{Y}^0$ 都是最优解。

必要性。因为 $\boldsymbol{X}^0$、$\boldsymbol{Y}^0$ 都是可行解，故有

$$\boldsymbol{Y}^0\boldsymbol{A}\boldsymbol{X}^0 = \sum_{j=1}^{n}\left(\boldsymbol{Y}^0\boldsymbol{P}_j\right)x_j^0 \geqslant \sum_{j=1}^{n} c_j x_j^0 = \boldsymbol{C}\boldsymbol{X}^0$$

$$\boldsymbol{Y}^0\boldsymbol{A}\boldsymbol{X}^0 = \sum_{i=1}^{m}\boldsymbol{Y}_i^0\left(\boldsymbol{A}_i\boldsymbol{X}^0\right) \leqslant \sum_{j=1}^{m} y_i^0 b_i = \boldsymbol{Y}^0\boldsymbol{b}$$

又因为 $\boldsymbol{X}^0$、$\boldsymbol{Y}^0$ 是最优解，故 $\boldsymbol{C}\boldsymbol{X}^0 = \boldsymbol{Y}^0\boldsymbol{b}$，所以

$$\begin{cases} \sum_{j=1}^{n} c_j x_j^0 = \sum_{j=1}^{n}\left(\boldsymbol{Y}^0\boldsymbol{P}_j\right)x_j^0 \\ \sum_{j=1}^{m} y_i^0 b_i = \sum_{i=1}^{m} y_i^0\left(\boldsymbol{A}_i\boldsymbol{X}^0\right) \end{cases}$$

成立。如果存在某个 j_0，使 $\boldsymbol{Y}^0\boldsymbol{P}_{j_0} > c_{j_0}$，同时 $x_{j_0}^0 > 0$，则有

$$\sum_{j=1}^{n}\left(\boldsymbol{Y}^0\boldsymbol{P}_j\right)x_j^0 > \sum_{j=1}^{n} c_j x_j^0$$

类似，可以由 $\boldsymbol{A}_i\boldsymbol{X}^0 < b_i$ 得出 $y_i^0 = 0$。证毕。

定理 5-2 表明，若对偶规划有最优解，那么一定有：松约束的对偶约束是紧的。

例题 5-3：试利用对偶理论求解下列问题的最优解

$$\min z = 2x_1 + 3x_2 + 5x_3 + 2x_4 + 3x_5$$

$$\text{s. t.} \begin{cases} x_1 + x_2 + 2x_3 + x_4 + 3x_5 \geqslant 4 \\ 2x_1 - x_2 + 3x_3 + x_4 + x_5 \geqslant 3 \\ x_j \geqslant 0,\ j = 1,2,\cdots,5 \end{cases}$$

已知其对偶问题的最优解是 $y_1^* = \frac{4}{5}$，$y_2^* = \frac{3}{5}$。

解：原问题的对偶问题为

$$\max w = 4y_1 + 3y_2$$

$$\text{s. t.} \begin{cases} y_1 + 2y_2 \leqslant 2 \\ y_1 - y_2 \leqslant 3 \\ 2y_1 + 3y_2 \leqslant 5 \\ y_1 + y_2 \leqslant 2 \\ 3y_1 + y_2 \leqslant 3 \\ y_1, y_2 \geqslant 0 \end{cases}$$

将 $y_1^* = \frac{4}{5}$，$y_2^* = \frac{3}{5}$ 代入约束条件，可知 $y_1 \geqslant 0$，$y_2 \geqslant 0$ 以及 $y_1 - y_2 \leqslant 3$。$2y_1 + 3y_2 \leqslant 5$ 与 $y_1 + y_2 \leqslant 2$ 都是严格不等式，由互补松弛定理可知，其对偶约束 $x_2 \geqslant 0$，$x_3 \geqslant 0$，$x_4 \geqslant 0$ 一定是紧的。

设原问题的最优解是 $\boldsymbol{X}^* = \left(x_1^*,\ x_2^*,\ x_3^*,\ x_4^*,\ x_5^*\right)^{\mathrm{T}}$，则有 $x_2^* = x_3^* = x_4^* = 0$，并且原约束不等式在 $\boldsymbol{X}^*$ 的基础上取等号，即化为

$$\begin{cases} x_1^* + 3x_5^* = 4 \\ 2x_1^* + x_5^* = 3 \end{cases}$$

解得 $x_1^* = x_5^* = 1$，故原问题的最优解为 $\boldsymbol{X}^* = (1,0,0,0,1)^{\mathrm{T}}$，最优值 $z^* = 5$。

第三节　对偶单纯形方法

给出一个线性规划问题：

$$\max z = \boldsymbol{CX}$$
$$\text{s. t.} \begin{cases} \boldsymbol{AX} = \boldsymbol{b} \\ \boldsymbol{X} \geqslant \boldsymbol{0} \end{cases} \tag{5-5}$$

可以建立它的对偶问题：

$$\max w = \boldsymbol{Yb}$$
$$\text{s. t.} \begin{cases} \boldsymbol{YA} \geqslant \boldsymbol{C} \\ \boldsymbol{Y} \text{ 无约束} \end{cases} \tag{5-6}$$

由对偶理论可以得出以下两个结论：

①原问题式（5-5）的一个基解 $\boldsymbol{X}^0$ 与基阵 $\boldsymbol{B}$，可以对应对偶问题式（5-6）的一个基解 $\boldsymbol{Y}^0 = \boldsymbol{C_B B}^{-1}$。

② $\boldsymbol{X}^0$ 的检验数全部非正与 $\boldsymbol{Y}^0$ 是对偶问题式（5-6）的基可行解等价。

应用单纯形方法解线性规划问题的途径是从某个基可行解 $\boldsymbol{X}^0$ 开始，检验其检验数 σ_j 是否全部非正。如果存在某个 $\sigma_j > 0$，就迭代到一个改进的基可行解 $\boldsymbol{X}^1$，再检查 $\boldsymbol{X}^1$ 的检验数。如此下去，一直到某个基可行解 $\boldsymbol{X}^t$ 的检验数全部非正，就得到最优解 $\boldsymbol{X}^t$。这样，在得到原问题（5-5）的基可行解 $\boldsymbol{X}^0$，$\boldsymbol{X}^1,\cdots$，$\boldsymbol{X}^t$ 的同时，也得到了对偶问题式（5-6）的基解 $\boldsymbol{Y}^0$，$\boldsymbol{Y}^1,\cdots$，$\boldsymbol{Y}^t$。检查 $\boldsymbol{X}^i$ 的检验数是否全部非正，就是检查 $\boldsymbol{Y}^i$ 是不是问题式（5-6）的基可行解。当 $\boldsymbol{X}^t$ 的检验数全部非正时，$\boldsymbol{Y}^t$ 是问题式（5-6）的基可行解，$\boldsymbol{X}^0$ 就是问题（5-5）的最优解。

单纯形方法可以重新解释为：从一个基解 $\boldsymbol{X}^0$ 开始迭代到另一个基解，在迭代过程中保持它的可行性，同时使它对应的对偶问题的基解 $\boldsymbol{Y}^0=\boldsymbol{C}_B\boldsymbol{B}^{-1}$ 的不可行性逐步消失，一直到是问题式（5-6）的可行解，$\boldsymbol{X}^0$ 就是问题式（5-5）的最优解了。

对偶单纯形方法正是基于对称的想法，从一个基解 $\boldsymbol{X}^0$ 开始，$\boldsymbol{X}^0$ 不是基可行解，但它的检验数全部非正，即它对应的对偶问题的基解 $\boldsymbol{Y}^0=\boldsymbol{C}_B\boldsymbol{B}^{-1}$ 是基可行解；从 $\boldsymbol{X}^0$ 迭代到另一个基解 $\boldsymbol{X}^1$，在迭代过程中保持它们对应的对偶问题的基解是基可行解，逐步消除原问题的基解的不可行性，最终达到两者同时为可行解，也就同时是最优解。这是对偶单纯形方法的基本思想。

对偶单纯形方法的计算步骤：

步骤 1：先找出一个初始正则解 $\boldsymbol{X}^0$，并写出 $\boldsymbol{X}^0$ 的典式。

步骤 2：如果 $\boldsymbol{X}^0$ 是可行解，则 $\boldsymbol{X}^0$ 是最优解，计算结束。否则转至步骤 3。

步骤 3：确定换出变量 x_l，其中 $x_l^0=\min\left\{x_i^0\text{：}\ x_i^0<0\right\}$，转至步骤 4。

步骤 4：如果对所有非基变量 x_j，都有 $\beta_{lj}\geqslant 0$，则原问题没有可行解，计算结束。否则转至步骤 5。

步骤 5：确定换入变量 x_k，其中 $\min\left\{\dfrac{\sigma_j}{\beta_{lj}}\text{：}\ \beta_{lj}<0\right\}=\dfrac{\sigma_k}{\beta_{lk}}$，转至步骤 6。

步骤 6：取 x_l 为换出变量，x_k 为换入变量，进行单纯形迭代，得到新的正则解 $\boldsymbol{X}_1$ 及其典式，转至步骤 2。

对偶单纯形方法也可以在单纯形表上进行，其中步骤 5 中得出的 β_{lk} 称为这一次迭代的主元。

例题 5-4：用对偶单纯形方法求解：

$$\min w=2x_1+3x_2+4x_3$$

$$\text{s.t.}\begin{cases}x_1+2x_2+x_3\geqslant 3\\2x_1-x_2+3x_3\geqslant 4\\x_1,\ x_2,\ x_3\geqslant 0\end{cases}$$

解：为了易于寻求初始正则解，可将问题转化为下列形式：

$$\max w'=-2x_1-3x_2-4x_3$$

$$\text{s.t.}\begin{cases}-x_1-2x_2-x_3+x_4=-3\\-2x_1+x_2-3x_3+x_5=-4\\x_j\geqslant 0,\ j=1,2,\cdots,5\end{cases}$$

取 $\{x_1,\ x_2,\ x_3,\ x_4,\ x_5\}$ 为初始基，则它是一个正则基。列单纯形表并计算得表 5-6。

表 5-6　单纯形

b	x_1	x_2	x_3	x_4	x_5
-3	-1	-2	-1	1	0
-4	[-2]	1	-3	0	1
0	-2	-3	-4	0	0
-1	0	$\left[-\frac{5}{2}\right]$	$\frac{1}{2}$	1	$-\frac{1}{2}$
2	1	$-\frac{1}{2}$	$\frac{3}{2}$	0	$-\frac{1}{2}$
4	0	-4	-1	0	-1
$\frac{2}{5}$	0	1	$-\frac{1}{5}$	$-\frac{2}{5}$	$\frac{1}{5}$
$\frac{11}{5}$	1	0	$\frac{7}{5}$	$-\frac{1}{5}$	$-\frac{2}{5}$
$\frac{28}{5}$	0	0	$-\frac{9}{5}$	$-\frac{8}{5}$	$-\frac{1}{5}$

从表 5-6 中可知，初始正则解 $\boldsymbol{X}^0=(0,\ 0,\ 0,\ -3,\ -4)^{\mathrm{T}}$ 不是可行解，故需要迭代。由于 $\min\{-3,\ -4\}=-4=x_5^0$，故 x_5 为换出变量。

又 $\theta=\min\left\{\frac{\sigma_j}{\beta_{5j}}:\ \beta_{5j}<0\right\}=\min\left\{\frac{-2}{-2},\ \frac{-4}{-3}\right\}=1=\frac{\sigma_1}{\beta_{51}}$。故 $\beta_{51}=-2$ 是迭代主元，x_1 为换入变量。迭代后得出第二个正则解 $\boldsymbol{X}^1=(2,\ 0,\ 0,\ -1,\ 0)^{\mathrm{T}}$，它不是可行解，故取了 x_4 为换出变量，由于

$$\theta=\min\left\{\frac{\sigma_j}{\beta_{4j}}:\ \beta_{4j}<0\right\}=\min\left\{\frac{-4}{-\frac{5}{2}},\ \frac{-1}{-\frac{1}{2}}\right\}=\frac{8}{5}=\frac{\sigma_2}{\beta_{42}}$$

所以 $\beta_{42}=-\dfrac{5}{2}$ 是主元，x_2 为换入变量。迭代后得出第三个正则解 $\boldsymbol{X}^2=\left(\dfrac{11}{5},\dfrac{2}{5},0,0,0\right)^{\mathrm{T}}$，它是可行解，从而也是最优解。

下面简单讨论一下如何确定初始正则解。

给定一个线性规划问题：

$$\max z=c_1x_1+c_2x_2+\cdots+c_nx_n$$

$$\text{s. t.}\begin{cases}a_{11}x_1+a_{12}x_2+\cdots+a_{1n}x_n=b_1\\a_{21}x_1+a_{22}x_2+\cdots+a_{2n}x_n=b_2\\\cdots\cdots\\a_{m1}x_1+a_{m2}x_2+\cdots+a_{mn}x_n=b_m\\x_1\geqslant0,x_2\geqslant0,\cdots,x_n\geqslant0\end{cases}\tag{5-7}$$

在一般情况下，从约束方程 $\boldsymbol{AX}=\boldsymbol{b}$ 中解出一个基解 $\boldsymbol{X}^0$，记 S 为 $\boldsymbol{X}^0$ 中基变量的下标，R 为 $\boldsymbol{X}^0$ 中非基变量的下标，写出 $\boldsymbol{X}^0$ 对应的典式，即

$$\max z=z_0+\sum_{j\in R}\sigma_jx_j$$

$$\text{s. t.}\begin{cases}x_i+\sum\limits_{j\in R}\beta_{ij}x_j=\alpha_i\text{，}\ i\in S\\x_j\geqslant0\text{，}\ j=1,2,\cdots,n\end{cases}$$

通常 $\sigma_j(j\in R)$ 不一定全部非负，即 $\boldsymbol{X}^0$ 不一定是正则解。在这种情况下，引进一个新变量 x_{n+1} 和一个充分大的数 M，构造新的线性规划问题：

$$\max z=z_0+\sum_{j\in R}\sigma_jx_j$$

$$\text{s. t.}\begin{cases}x_i+\sum\limits_{j\in R}\beta_{ij}x_j=\alpha_i\text{，}\ i\in S\\x_{n+1}+\sum\limits_{j\in R}x_j=M\\x_j\geqslant0\text{，}\ j=1,2,\cdots,n+1\end{cases}\tag{5-8}$$

并且称问题式（5-8）是问题式（5-7）的扩充问题。问题式（5-8）易于得到正则解：设 $\sigma_k=\max\left\{\sigma_j\text{：}\ \sigma_j>0\right\}$，把 x_{n+1} 作为换出变量，x_k 作为换入变量，经过一次迭代，得到一个新的典式：

$$\max z=z_0+M\sigma_k+\sum_{j\in R,j\neq k}\left(\sigma_j-\sigma_k\right)x_j-\sigma_kx_{n+1}$$

$$
\text{s. t.} \begin{cases} x_i + \sum\limits_{j \in R} \left(\beta_{ij} - \beta_{ik} \right) x_j - \beta_{ik} x_{n+1} = \alpha_i - \beta_{ik} M, \quad i \in S \\ x_k + \sum\limits_{\substack{j \in R \\ j \neq k}} x_j + x_{n+1} = M \\ x_j \geqslant 0, \quad j = 1, 2, \cdots, n+1 \end{cases}
$$

因为 $\sigma_j - \sigma_k \leqslant 0, -\sigma_k \leqslant 0$，所以得到扩充问题（5-8）的一个正则解。

可能出现的情况：

①扩充问题（5-8）无可行解，则原问题（5-7）也无可行解。

②扩充问题（5-8）有最优解 $\boldsymbol{X}^0 = \left(x_1^0, x_2^0, \cdots, x_n^0, x_{n+1}^0 \right)^{\mathrm{T}}$，显然 $\boldsymbol{X}^0 = \left(x_1^0, x_2^0, \cdots, x_n^0 \right)^{\mathrm{T}}$ 是原问题的可行解。而且，如果 $\boldsymbol{CX}^0$ 与 M 无关，则 $\boldsymbol{X}^0$ 一定是问题（5-7）的最优解。

下面讨论线性规划问题的对偶规划的经济学背景，以及单纯形算子 $\boldsymbol{C_B B}^{-1}$ 的经济学意义。

给定一个资源利用问题：

$$
\max z = \boldsymbol{CX}
$$

$$
\text{s. t.} \begin{cases} \boldsymbol{AX} \leqslant \boldsymbol{b} \\ \boldsymbol{X} \geqslant \boldsymbol{0} \end{cases}
$$

设 $\boldsymbol{B}$ 是它的最优基阵，$\boldsymbol{Y}^* = \boldsymbol{C_B B}^{-1}$ 是相应的单纯形算子，则目标函数或价值函数的最优值应为

$$
z^* = \boldsymbol{C_B B}^{-1} \boldsymbol{b} = \boldsymbol{Y}^* \boldsymbol{b} = y_1^* b_1 + y_2^* b_2 + \cdots + y_m^* b_m
$$

因此

$$
\frac{\partial z^*}{\partial \boldsymbol{b}} = \boldsymbol{C_B B}^{-1} = \boldsymbol{Y}^* \qquad (5\text{-}9)
$$

式（5-9）的分量表示为

$$
\frac{\partial z^*}{\partial b_i} = y_i^*, \quad i = 1, 2, \cdots, m \qquad (5\text{-}10)
$$

这表明 y_i^* 是在其他条件不变的情况下，第 i 种资源变化所引起的价值函数的最优值的变化量。

第四节　灵敏度分析

给定线性规划问题：

$$\max z = \boldsymbol{CX}$$

$$\text{s. t.} \begin{cases} \boldsymbol{AX} = \boldsymbol{b} \\ \boldsymbol{X} \geqslant \boldsymbol{0} \end{cases}$$

其最优解 $\boldsymbol{X}^*$ 仅依赖于 $\boldsymbol{A}$，$\boldsymbol{b}$，$\boldsymbol{C}$。前文所讨论的线性规划问题，$\boldsymbol{A}$，$\boldsymbol{b}$，$\boldsymbol{C}$ 都是给定的常数向量。而在实际问题中，这些数值都是通过观测或统计资料估计得出的，很难保证都是准确无误的。另外，实际问题各种变化也常会引起这些数据变动，进而导致线性规划问题最优解的改变。因此，讨论模型中的 $\boldsymbol{A}$，$\boldsymbol{b}$，$\boldsymbol{C}$ 中的一个或几个发生变化时，导致 $\boldsymbol{X}^*$ 变化的情况，或者这些数值在什么范围内变动，最优解 $\boldsymbol{X}$ 保持不变；讨论在原最优解条件改变时，如何用最简便的方法求出新的最优解，这就是线性规划的灵敏度分析。

利用单纯形方法求解线性规划问题时，若能找到最优基阵 $\boldsymbol{B}$，可得最优基变量 $\boldsymbol{X}_B$ 的解以及相应检验数 σ_N（最优非基变量 $\boldsymbol{X}_N$ 在目标函数中的系数），所以线性规划问题最优基 $\boldsymbol{B}$ 的典式为

$$\max z = \boldsymbol{C}_B\boldsymbol{B}^{-1}\boldsymbol{b} + \left(\boldsymbol{C}_N - \boldsymbol{C}_B\boldsymbol{B}^{-1}\boldsymbol{N}\right)\boldsymbol{X}_N$$

$$\text{s. t.} \begin{cases} \boldsymbol{X}_B + \boldsymbol{B}^{-1}\boldsymbol{N}\boldsymbol{X}_N = \boldsymbol{B}^{-1}\boldsymbol{b} \\ \boldsymbol{X}_B, \boldsymbol{X}_N \geqslant \boldsymbol{0} \end{cases}$$

相应地，$\boldsymbol{X}_B = \boldsymbol{B}^{-1}\boldsymbol{b}$，$\sigma_N = \boldsymbol{C}_N - \boldsymbol{C}_B\boldsymbol{B}^{-1}\boldsymbol{N}$，其中 $\boldsymbol{A} = (\boldsymbol{B}, \boldsymbol{N}), \boldsymbol{C} = \left(\boldsymbol{C}_B, \boldsymbol{C}_N\right)$，$\boldsymbol{X} = \begin{pmatrix} \boldsymbol{X}_B \\ \boldsymbol{X}_N \end{pmatrix}$。

下面讨论线性规划问题的价值系数 c_j、资源系数 b_i、技术系数 a_{ij} 的变动而导致最优解改变的情况。

一、价值系数 c_j 的灵敏度分析

由线性规划问题最优基的典式可以看出，目标函数中系数 c_j 的改变仅影响到检验数 $\sigma_N = \boldsymbol{C}_N - \boldsymbol{C}_B\boldsymbol{B}^{-1}\boldsymbol{N}$ 及最优值 $z = \boldsymbol{C}_B\boldsymbol{B}^{-1}\boldsymbol{b}$，正如表 5-7 单纯形表所列。

表 5-7　单纯形

z	$\boldsymbol{X}_B$	$\boldsymbol{X}_N$
$\boldsymbol{B}^{-1}\boldsymbol{b}$	$\boldsymbol{I}$	$\boldsymbol{B}^{-1}\boldsymbol{N}$
$-\boldsymbol{C}_B\boldsymbol{B}^{-1}\boldsymbol{b}$	$\boldsymbol{0}$	$\sigma_N=\boldsymbol{C}_N-\boldsymbol{C}_B\boldsymbol{B}^{-1}\boldsymbol{N}$

为讨论方便，记 $\boldsymbol{A}=(\boldsymbol{P}_1,\boldsymbol{P}_2,\cdots,\boldsymbol{P}_n)$， $\boldsymbol{C}_N-\boldsymbol{C}_B\boldsymbol{B}^{-1}\boldsymbol{A}=(\sigma_1,\sigma_2,\cdots,\sigma_n)$，其中 $\sigma_j=c_j-\boldsymbol{C}_B\boldsymbol{B}^{-1}\boldsymbol{P}_j$， $j=1,2,\cdots,n$。

下面就 c_j 是基变量或非基变量的价值系数两种情况来讨论。

1. c_j 非基变量的价值系数的灵敏度分析

设 c_j 有一个增量 Δc_j，记

$$c_j'=c_j+\Delta c_j$$

相应地，c_j 影响的检验数 σ_j 的变化为

$$\sigma_j'=c_j'-\boldsymbol{C}_B\boldsymbol{B}^{-1}\boldsymbol{P}_j=(c_j+\Delta c_j)-\boldsymbol{C}_B\boldsymbol{B}^{-1}\boldsymbol{P}_j=\sigma_j+\Delta c_j$$

为使最优解不变，应使 $\sigma_j'\leqslant 0$，从而得

$$\Delta c_j\leqslant-\sigma_j$$

得出结论：当 $\Delta c_j\leqslant-\sigma_j$ 时，最优解保持不变。

2. c_j 是基变量的价值系数的灵敏度分析

设 x_i 是基变量，c_i 是 $\boldsymbol{C}_B$ 的一个分量。当 c_i 的增量为 Δc_i 时，则最优基中多个检验数 σ_j 都受影响，相应地变为

$$\begin{aligned}\sigma_j'&=c_j-(\boldsymbol{C}_B+\Delta\boldsymbol{C}_B)\boldsymbol{B}^{-1}\boldsymbol{P}_j\\&=(c_j-\boldsymbol{C}_B\boldsymbol{B}^{-1}\boldsymbol{P}_j)-\Delta\boldsymbol{C}_B\boldsymbol{B}^{-1}\boldsymbol{P}_j=\sigma_j-\Delta\boldsymbol{C}_B\boldsymbol{B}^{-1}\boldsymbol{P}_j\end{aligned}$$

记 $\boldsymbol{B}^{-1}\boldsymbol{P}_j$ 的第 i 行第 j 列的元素为 α_{ij}，则

$$\sigma_j'=\sigma_j-\Delta c_i\alpha_{ij}$$

为使最优条件仍然成立，即 $\sigma_j'\leqslant 0$，则

①当 $\alpha_{ij}>0$ 时，$\Delta c_i\geqslant\dfrac{\sigma_j}{\alpha_{ij}}$；

②当 $\alpha_{ij}<0$ 时，$\Delta c_i \leqslant \dfrac{\sigma_j}{\alpha_{ij}}$。

得出结论：令 $D_{i,1}=\max_j\left\{\dfrac{\sigma_j}{\alpha_{ij}}\middle|\alpha_{ij}>0\right\}$，$D_{i,2}=\min_j\left\{\dfrac{\sigma_j}{\alpha_{ij}}\middle|\alpha_{ij}<0\right\}$，则当 $D_{i,1}\leqslant \Delta c_i\leqslant D_{i,2}$ 时，线性规划问题的最优基不变。

在实际分析过程中，使最优基不变的 Δc_i 的变化范围的求解步骤如下：

步骤1：确定最优单纯形表中 c_i 对应的系数矩阵的第 i 个单位坐标向量，“1”所在的行不妨设为第 s 行，即 $\alpha_{si}=1$，一般 $s\neq i$。

步骤2：以最优表系数矩阵的第 s 行的正元素 α_{sj} 去除 σ_j，其最大者 $D_{i,1}$ 是 Δc_i 变化的下界。

步骤3：以最优单纯形表系数矩阵的第 s 行的负元素 α_{sj} 去除 σ_j，其最小者 $D_{i,2}$ 是 Δc_i 变化的上界。

例题5-5：分析下列线性规划问题的价值系数的灵敏度。

$$\max z=3x_1+5x_2$$

$$\text{s. t.}\begin{cases}3x_1+2x_2+x_3=18\\x_1+x_4=4\\2x_2+x_5=12\\x_j\geqslant 0,\ j=1,2,3,4,5\end{cases}$$

解：此问题的最优单纯形表如表5-8所示。

表5-8　最优单纯形

c		3	5	0	0	0
		x_1	x_2	x_3	x_4	x_5
x_1	2	1	0	$\frac{1}{3}$	0	$-\frac{1}{3}$
x_4	2	0	0	$-\frac{1}{3}$	1	$\frac{1}{3}$
x_2	6	0	1	0	0	$\frac{1}{2}$
	−36	0	0	−1	0	$-\frac{3}{2}$

在最优单纯形表中，x_1,x_4,x_2 为基变量，x_3,x_5 为非基变量。对于 $c_1=3$，x_1 在最优单纯形表中的单位列向量的“1”位于第 1 行，s=1，从而

$$D_{1,1}=\max\left\{-1\middle/\frac{1}{3}\right\}=-3$$

$$D_{1,2}=\min\left\{-\frac{3}{2}\middle/-\frac{1}{3}\right\}=\frac{9}{2}$$

从而使最优基不变的 Δc_1 范围为 $-3\leqslant\Delta c_1\leqslant\frac{9}{2}$。

对于 $c_2=5$，x_2 在最优单纯形表中的单位列向量的“1”位于第 3 行，故 s=3，从而

$$D_{2,1}=\max\left\{-\frac{3}{2}\middle/\frac{1}{2}\right\}=-3$$

$$D_{2,2}=\min\{-1/0\}=+\infty$$

故 Δc_2 的变化范围为 $\Delta c_2\geqslant-3$。

二、资源系数 b_i 的灵敏度分析

当资源系数 b_i 改变时，仅影响最优解 $\boldsymbol{X_B}=\boldsymbol{B}^{-1}\boldsymbol{b}$ 及最优值 $z=\boldsymbol{C_B}\boldsymbol{B}^{-1}\boldsymbol{b}$。设 b_i 的增量为 Δb_i，由于

$$\begin{aligned}\boldsymbol{X}_B'&=\boldsymbol{B}^{-1}\boldsymbol{b}'=\boldsymbol{B}^{-1}(\boldsymbol{b}+\Delta\boldsymbol{b})=\boldsymbol{B}^{-1}\boldsymbol{b}+\boldsymbol{B}^{-1}\Delta\boldsymbol{b}\\&=\boldsymbol{X_B}+\boldsymbol{B}^{-1}\Delta\boldsymbol{b}\\&=\begin{pmatrix}\alpha_1\\\alpha_2\\\vdots\\\alpha_m\end{pmatrix}+\begin{pmatrix}\beta_{1i}\Delta b_i\\\beta_{2i}\Delta b_i\\\vdots\\\beta_{mi}\Delta b_i\end{pmatrix}\end{aligned}$$

为使 B 的最优基不变，应使 $\boldsymbol{X}'_B\geqslant0$，即

$$\alpha_k+\beta_{ki}\Delta b_i\geqslant0,\ k=1,2,\cdots,m$$

即当 $\beta_{ki}>0$ 时，$\Delta b_i\geqslant-\frac{\alpha_k}{\beta_{ki}}$；当 $\beta_{ki}<0$ 时，$\Delta b_i\leqslant-\frac{\alpha_k}{\beta_{ki}}$。

得出结论：令 $\gamma_{i,1}=\max_k\left\{-\frac{\alpha_k}{\beta_{ki}},\beta_{ki}>0\right\}$，$\gamma_{i,2}=\min_k\left\{-\frac{\alpha_k}{\beta_{ki}},\beta_{ki}<0\right\}$，则当

$\gamma_{i,1} \leqslant \Delta b_i \leqslant \gamma_{i,2}$时，最优基保持不变。

下面举例说明Δb_k的灵敏度分析的过程。

例题 5-6：对例题 5-5 中的线性规划问题的资源系数进行灵敏度分析。

解：最优基为$\{x_1, x_4, x_2\}$，相应的原始基阵：

$$\boldsymbol{B} = (\boldsymbol{p}_1, \boldsymbol{p}_4, \boldsymbol{p}_2) = \begin{pmatrix} 3 & 0 & 2 \\ 1 & 1 & 0 \\ 0 & 0 & 2 \end{pmatrix}$$

利用单纯形方法由初始单纯形表迭代到最优单纯形表的过程可知：

$$\boldsymbol{B}^{-1} = \begin{pmatrix} \frac{1}{3} & 0 & -\frac{1}{3} \\ -\frac{1}{3} & 1 & \frac{1}{3} \\ 0 & 0 & \frac{1}{2} \end{pmatrix},\quad \boldsymbol{\alpha} = \begin{pmatrix} 2 \\ 2 \\ 6 \end{pmatrix}$$

b_1的增量Δb_1的变化范围为$\gamma_{1,1} \leqslant \Delta b_1 \leqslant \gamma_{1,2}$，其中：

$$\gamma_{1,1} = \max\left\{-2\Big/\frac{1}{3}\right\} = -6$$

$$\gamma_{1,2} = \min\left\{-2\Big/-\frac{1}{3}\right\} = 6$$

b_2的增量Δb_2的变化范围为$\gamma_{2,1} \leqslant \Delta b_2 \leqslant \gamma_{2,2}$，其中：

$$\gamma_{2,1} = \max\left\{-\frac{2}{1}\right\} = -2$$

$$\gamma_{2,2} = +\infty$$

b_3的增量Δb_3的变化范围为$\gamma_{3,1} \leqslant \Delta b_3 \leqslant \gamma_{3,2}$，其中：

$$\gamma_{3,1} = \max\left\{-2\Big/\frac{1}{3}, -6\Big/\frac{1}{2}\right\} = -6$$

$$\gamma_{3,2} = \min\left\{-2\Big|-\frac{1}{3}\right\} = 6$$

三、技术系数a_{ij}的灵敏度分析

技术系数a_{ij}主要反映企业的管理、技术及设备工艺的现状，即反映企业生

产经营过程中资源的消耗量。技术系数 a_{ij} 的灵敏度分析比较复杂。本书仅讨论非基变量 x_j 的系数向量的灵敏度分析。

在最优基给出后，设 x_j 是非基变量，$\boldsymbol{P}_j$ 是 x_j 的系数列向量，$\Delta\boldsymbol{P}_j$ 是 $\boldsymbol{P}_j$ 的增量，令 $\boldsymbol{P}_j' = \boldsymbol{P}_j + \Delta\boldsymbol{P}_j$。从典式中可以看出，$\boldsymbol{P}_j$ 的改变仅影响检验数 σ_j，即

$$\sigma_j' = c_j - \boldsymbol{C_B B}^{-1}\boldsymbol{P}_j' = c_j - \boldsymbol{C_B B}^{-1}\left(\boldsymbol{P}_j + \Delta\boldsymbol{P}_j\right)$$

要使最优基 $\boldsymbol{B}$ 的地位不变，需 $\sigma'_j \leqslant 0$，即

$$\sigma_j - \boldsymbol{C_B B}^{-1}\Delta\boldsymbol{P}_j \leqslant 0$$

或者

$$\boldsymbol{C_B B}^{-1}\Delta\boldsymbol{P}_j \geqslant \sigma_j$$

令单纯形算子 $\boldsymbol{Y} = \boldsymbol{C_B B}^{-1} = \left(y_1, y_2, \cdots, y_m\right)$，$\Delta\boldsymbol{P}_j = \left(\Delta a_{1j}, \Delta a_{2j}, \cdots, \Delta a_{mj}\right)^{\mathrm{T}}$，则有

$$\boldsymbol{Y}\Delta\boldsymbol{P}_j \geqslant \sigma_j$$

或者

$$y_1\Delta a_{1j} + y_2\Delta a_{2j} + \cdots + y_m\Delta a_{mj} \geqslant \sigma_j$$

得出结论：设最优基 $\boldsymbol{B}$ 相应的单纯形算子 $\boldsymbol{Y} = \boldsymbol{C_B B}^{-1} = \left(y_1, y_2, \cdots, y_m\right)$，则当 $\boldsymbol{Y}\Delta\boldsymbol{P}_j \geqslant \sigma_j$ 或者 $y_1\Delta a_{1j} + y_2\Delta a_{2j} + \cdots + y_m\Delta a_{mj} \geqslant \sigma_j$ 时，最优基 $\boldsymbol{B}$ 的地位不变。

特别地，若仅限 $\boldsymbol{P}_j$ 的一个分量，如 a_{ij} 变动 Δa_{ij}，可得如下推论。

推论 5-2：若非基变量 x_j 的一个技术系数 a_{ij} 的增量 Δa_{ij} 满足：

$$\Delta a_{ij} \leqslant \overline{\lambda_{ij}} \text{ 或 } \Delta a_{ij} \geqslant \underline{\lambda_{ij}}$$

式中，$\lambda_{ij} = \dfrac{\sigma_j}{y_i}$；如果 $y_i > 0$，则 $\overline{\lambda_{ij}} = \dfrac{\sigma_j}{y_i}$；如果 $y_i < 0$，则最优基 $\boldsymbol{B}$ 的地位不变。

四、增加新变量的灵敏度分析

如果在原有线性规划问题上再增加一个新变量 x_{n+1}，其对应的价值系数为 c_{n+1}，技术向量为 $\boldsymbol{P}_{n+1} = \left(a_{1,n+1}, a_{2,n+1}, \cdots, a_{m,n+1}\right)^{\mathrm{T}}$，则把 x_{n+1} 作为非基变量，在原来的最优单纯形表中增加一列：

$$\boldsymbol{B}^{-1}\boldsymbol{P}_{n+1} = \left(\beta_{1,n+1}, \beta_{2,n+1}, \cdots, \beta_{m,n+1}\right)^{\mathrm{T}}$$

检验数为

$$\sigma_{n+1} = c_{n+1} - \boldsymbol{C}_{\boldsymbol{B}}\boldsymbol{B}^{-1}\boldsymbol{P}_{n+1}$$

进而得出新问题的单纯形表。若 $\sigma_{n+1} \leqslant 0$ ，则原问题的最优解不变，否则继续应用单纯形方法迭代出新的最优解。

五、增加新的约束条件的灵敏度分析

对于生产计划问题，如果生产中增加了工序或新的资源，那么反映在线性规划模型中就相当于增加了新的约束条件。对于这类情形的灵敏度分析，一般地可先将已求出的最优解代入新的约束条件，如果满足该约束条件，则最优解不改变，否则需将新增加的约束条件添加到原最优单纯形表中，再进行求解。

具体做法是在原最优单纯形表中增加一行和一列，所增行即初约束 $a_{m+1,1}x_1 + a_{m+1,2}x_2 + \cdots + a_{m+1,n}x_n + x_{n+1} \leqslant b_{m+1}$ 对应的方程：

$$a_{m+1,1}x_1 + a_{m+1,2}x_2 + \cdots + a_{m+1,n}x_n + x_{n+1} = b_{m+1}$$

所增列即松弛变量 x_{n+1} 对应的第 n+1 列，并把 x_{n+1} 看作基变量。

第五节　参数规划

给定一个线性规划问题：

$$\max z = \boldsymbol{CX}$$

$$\text{s. t.} \begin{cases} \boldsymbol{AX} = \boldsymbol{b} \\ \boldsymbol{X} \geqslant \boldsymbol{0} \end{cases}$$

如果出现在矩阵 $\boldsymbol{A}$ 与向量 $\boldsymbol{b}$、$\boldsymbol{C}$ 中的元素 a_{ij} 、b_i 、c_j 不是常数，而是某些参数 t 的线性函数时，则把该问题称为一个含参数的线性规划问题，简称参数规划。参数规划研究的是参数中某个参数连续变化时，使最优解发生变化的各临界点的值。

参数规划反映了实际问题中随时间或其他因素而变化的决策过程。例如，对于运输问题来说，常数项 **b** 代表的是物资的收发量，如果每个月做一次调度计划，那么每个月的收发量都可能发生变化，而其他数据，即 **A** 与 **C** 不变。可以每个月求解一个线性规划问题，一年解 12 个问题；也可以一次性统一处理这 12 个问题，因此，可以认为 **b** 是随时间参数 t 而变化的量。一般的参数规划的求解比较困难，本节主要讨论 **C** 或 **b** 含参数的情况。

一、目标函数含参数的线性规划问题

目标函数含参数的线性规划问题的一般形式为

$$\max z=\sum_{j=1}^{n}\left(d_j+\rho d_j'\right)x_j$$
$$\text{s. t.}\begin{cases}\sum\limits_{j=1}^{n}a_{ij}x_j=b_i,\ i=1,2,\cdots,m\\ x_j\geqslant 0,\ j=1,2,\cdots,n\end{cases}\tag{5-11}$$

式中，$\rho\in[c,d]$。

定理 5-3：对于参数规划（5-11），如果 $\rho=\delta$ 有最优基可行解 $\boldsymbol{X}^0=\left(x_1^0,x_2^0,\cdots,x_n^0\right)^{\mathrm{T}}$，则一定可以找到 $\underline{\rho}$、$\overline{\rho}$。使得当 $\rho\in[\underline{\rho},\overline{\rho}]$ 时，$\boldsymbol{X}^0$ 都是最优解；当 $\rho\notin[\underline{\rho},\overline{\rho}]$ 时，$\boldsymbol{X}^0$ 不是最优解。

证明：由于 $\boldsymbol{X}^0$ 是不是基可行解与 ρ 的取值无关，因此只要证明存在 $\underline{\rho}$ 与 $\overline{\rho}$，使得 $\rho\notin[\underline{\rho},\ \overline{\rho}]$ 时，检验数都非正即可。

由于价值系数 $c_j=d_j+\rho d_j'$，j=1，2，…，n，因此 x_j 的检验数为：

$$\begin{aligned}\lambda_j&=c_j-\sum_i c_i\beta_{ij}\\&=\left(d_j+\rho d_j'\right)-\sum_i\left(d_i+\rho d_j'\right)\beta_{ij}\\&=\left(d_j-\sum_i d_i\beta_{ij}\right)+\rho\left(d_j'-\sum_i d_j'\beta_{ij}\right)\\&=\alpha_j+\rho\beta_j\end{aligned}$$

在 $\rho=\delta$ 时，$\boldsymbol{X}^0$ 是最优解，于是

$$\alpha_j+\delta\beta_j\leqslant 0,\ j=1,2,\cdots,n$$

现求$\underline{\rho}$、$\overline{\rho}$，使$\rho\in[\underline{\rho},\overline{\rho}]$时，不等式成立：

$$\alpha_j+\rho\beta_j\leqslant 0,\ j=1,2,\cdots,n \tag{5-12}$$

为使式（5-12）成立，当$\beta_j>0$时，ρ应满足：

$$\rho\leqslant -\frac{\alpha_j}{\beta_j}$$

而当$\beta_j<0$时，ρ应满足：

$$\rho\geqslant -\frac{\alpha_j}{\beta_j}$$

因此取

$$\underline{\rho}=\begin{cases}\max\left\{-\dfrac{\alpha_j}{\beta_j}:\ \beta_j<0\right\}\\ -\infty\ \left(\text{如果所有 }\beta_j\geqslant 0\right)\end{cases}$$

$$\overline{\rho}=\begin{cases}\min\left\{-\dfrac{\alpha_j}{\beta_j}:\ \beta_j>0\right\}\\ +\infty\ \left(\text{如果所有 }\beta_j\leqslant 0\right)\end{cases}$$

容易验证$\delta\in[\underline{\rho},\overline{\rho}]$。并且，当$\rho\in[\underline{\rho},\overline{\rho}]$时，式（5-12）成立；当$\rho\notin[\underline{\rho},\overline{\rho}]$时，式（5-12）中至少有一个不等式不成立。证毕。

二、约束常数项含参数的线性规划问题

约束常数项含参数的线性规划问题的形式为

$$\max z=\sum_{j=1}^{n}c_jx_j$$

$$\text{s. t.}\begin{cases}\sum\limits_{j=1}^{n}a_{ij}x_j=b_i+\theta b_i^1,\ i=1,2,\cdots,m\\ x_j\geqslant 0,\ j=1,2,\cdots,n\end{cases}$$

式中，$\theta\in[c,d]$。

类似于目标系数含参数的线性规划问题的求解。假定在$\theta=\delta$时，得出一个最优基可行解$\boldsymbol{X}^0=\left(x_1^0,x_2^0,\cdots,x_n^0\right)^{\mathrm{T}}$。记$S$与$R$分别表示$\boldsymbol{X}^0$中基变量与非基变量

的下标集合，则对每个$i \in S$，x_i^0仍是最优解。为此，对于$p_i > 0$，θ满足：

$$\theta \geqslant -\frac{q_i}{p_i}$$

取

$$\theta = \begin{cases} \max\left\{-\dfrac{q_i}{p_i}, p_i > 0, i \in S\right\} \\ -\infty \quad (\text{如果所有 } p_i \leqslant 0) \end{cases}$$

对于$p_i < 0$，θ满足：

$$\theta \leqslant -\frac{q_i}{p_i}$$

取

$$\tilde{\theta} = \begin{cases} \min\left\{-\dfrac{q_i}{p_i}, p_i < 0\right\} \\ +\infty (\text{如果所有 } p_i \geqslant 0) \end{cases}$$

从而可知，当$\theta \in [\underline{\theta}, \bar{\theta}]$时，$\boldsymbol{X}^0$仍是最优解。如果$\bar{\theta} \neq +\infty$，那么在$\theta > \bar{\theta}$时，检验数$\lambda_j$仍保持非正，但$\boldsymbol{X}^0$不是可行解，所以是正则解。为了找到一个在$\theta > \bar{\theta}$时的最优解，可以用对偶单纯形方法来迭代得到解$\boldsymbol{X}'$。则$\theta = \bar{\theta}$时，$\boldsymbol{X}'$是最优解；当$\theta < \bar{\theta}$时，$\boldsymbol{X}'$不是最优解。

第六章　矩阵对策

第一节　对策问题的基本概念

人们常会遇到一些竞赛或具斗争性质的事情，如生活中的下棋、打桥牌，企业之间的竞争，军事斗争，等等。竞争者总是力图使自己获得尽可能多的利益，但种种努力常会遇到参与竞争的对手的干扰或影响，竞争者在作出自己的决策时，必须考虑到对手可能采取的行动，在此基础上制定自己的策略。这种竞争或斗争性质的现象称为对策现象，研究这种对策现象的数学理论和方法称为对策论，又称博弈论。对策论把各式各样的冲突现象抽象成一种数学模型，然后给出分析这些问题的方法和解。

在我国古代很早就有对策的思想，如田忌赛马。战国时期，有一天，齐威王提出要和大将田忌赛马，双方约定：各自从自己的上、中、下三个等级的马中选出一匹，每次派出一匹马参加比赛，共比赛三次，选出的这三匹马都要参加比赛。当时的情况是：齐威王的马与田忌同等级的马相比要好，而比上一级的马差。以往的比赛，田忌总是输。这次，田忌的谋士孙膑说，这次保证能赢，可以下一个大赌注。于是，田忌和齐威王以千金为注，比赛时，孙膑让田忌以他的下等马对齐王的上等马，以田忌的上等马对齐王的中等马，以田忌的中等马对齐王的下等马。结果，田忌一负二胜，赢得了千金。这个例子说明，正确选取策略是十分重要的。

对策论已经成为当代经济学的基石，对策论博大精深，不仅在经济学领域得到广泛应用，在军事、政治、商业等社会科学领域，以及生物学等自然科学领域都有非常重大的影响，工程学中如控制论工程也少不了它的应用。因此，学习对策论对管理工作者具有重要的现实意义。

一、对策现象的要素

各种对策现象都有本质上的共同点，这就是对策现象的根本要素，研究对策对象时必须搞清楚三个根本要素。

（一）局中人

每一局对策中都有这样的参加者：为了得到好的结局，必须制订对付对手的行动方案。这种有决策权的参加者就称为局中人，与得失无关的旁观者及无决策权的其他人则不能称为局中人；只有两个局中人的博弈称为两人博弈，而多于两个局中人的博弈称为多人博弈。如田忌赛马这个例子中，局中人是齐威王和田忌。

（二）策略

一局博弈中，每个局中人都有可以选择的实际可行的完整行动方案。方案不是某阶段的行动方案，而是指导整个行动的方案。一个局中人的一个可行的自始至终筹划全局的行动方案，称为这个局中人的一个策略。如果在一个博弈中局中人的策略都是有限个，则称为有限博弈，否则称为无限博弈。

田忌赛马是从上等马、中等马、下等马中各选一匹进行比赛，这三匹马的一个出赛次序就是一个完整的行动方案，也就是局中人可以采用的一个策略。

（三）得失函数（赢得函数）

一局博弈结束时的结果称为得失，每个局中人在一局博弈结束时的得失不仅与他所选择的策略有关，而且与全体局中人所取定的一组策略有关。从每个局中人的策略集合中各取一个策略组成的策略组称为局势。所以，一局博弈结束时每个局中人的得失是全体局中人所取定的一组策略的函数，通常称为得失函数。

若对任一局势，全体局中人的“得”或“失”之和总等于“0”，则称这种对策（博弈）为零和对策（零和博弈），否则称为非零和对策（非零和博弈）。

二、二人有限零和对策

二人有限零和对策指的是：对策中的局中人有两个，每个局中人都有有限个策略可供选择。而且，在任一局势中，两个局中人所得之和等于零。显然，在这种对策中，一个局中人的所得就等于另一个局中人的所失，两者的利益是根本冲突的，这种对策又称为矩阵对策。它比较简单，20 世纪 40 年代就形成了成熟的理论，而且这些理论也提供了研究对策现象的基本思路。

设参加对策的两个局中人为Ⅰ和Ⅱ，分别具有策略 $\alpha_i(i=1,2,\cdots,m)$ 和 $\beta_j(j=1, 2,\cdots,n)$，当局中人Ⅰ出策略 α_i、局中人Ⅱ出策略 β_j 时，局中人Ⅰ的赢得为 a_{ij}。以 S_1 表示局中人Ⅰ的策略集合，以 S_2 表示局中人Ⅱ的策略集合，$\boldsymbol{A}$ 表示由各个局势下局中人Ⅰ的赢得 a_{ij} 构成的矩阵（局中人Ⅰ的赢得矩阵），即

$$S_1=\{\alpha_1,\alpha_2,\cdots,\alpha_m\} \tag{6-1}$$

$$S_2=\{\beta_1,\beta_2,\cdots,\beta_n\} \tag{6-2}$$

$$\boldsymbol{A}=\begin{pmatrix} a_{11} & a_{12} & \cdots & a_{1n} \\ a_{21} & a_{22} & \cdots & a_{2n} \\ \vdots & & & \vdots \\ a_{m1} & a_{m2} & \cdots & a_{mn} \end{pmatrix} \tag{6-3}$$

则可将该对策表示为

$$G=\{S_1,S_2,\boldsymbol{A}\} \tag{6-4}$$

矩阵 $\boldsymbol{A}$ 称为局中人Ⅰ的赢得矩阵（对 $\boldsymbol{A}$ 的支付矩阵）。由于在二人有限零和对策中，局中人Ⅱ的赢得矩阵正好等于 $-\boldsymbol{A}$，故只要给出了 $\boldsymbol{A}$，就给出了一个二人有限零和对策，所以也常将二人有限零和对策称为矩阵对策。

赢得表中局中人的每一单独策略，称为纯策略，由全体局中人各自的一个纯策略构成的策略组，称为纯局势。例如，从局中人Ⅰ的策略集合 S_1 中选取某一策略，从局中人Ⅱ的策略集合 S_2 中选取某一策略，就得到纯局势 (α_i,β_j)。这时，局中人Ⅰ的赢得为 a_{ij}，局中人Ⅱ的赢得为 $1-a_{ij}$。

第二节　矩阵对策的最优纯策略

一、举例

下面研究矩阵对策的解。假设两个局中人都是理智的，也就是说每个局中人在选择策略时，都力图使自己的赢得尽可能大。据此，局中人在选择策略时

谁也不能存在侥幸心理。

例题 6-1：现有一个矩阵对策，局中人Ⅰ有三个策略可供选择，局中人Ⅱ有三个策略可供选择，即 $S_1=\{\alpha_1,\alpha_2,\alpha_3\}$ 和 $S_2=\{\beta_1,\beta_2,\beta_3\}$。表 6-1 给出了局中人Ⅰ的赢得表。

表 6-1　局中人Ⅰ的赢得表

局中人Ⅰ策略	局中人Ⅱ策略		
	β_1	β_2	β_3
α_1	−1	3	−2
α_2	4	3	2
α_3	6	1	−8

在表 6-1 中，局中人Ⅰ的最大收入为 6，所以他为了获得最大收入而选择策略 α_3；局中人Ⅱ考虑到局中人Ⅰ的这个心理，而出策略 β_3，使局中人Ⅰ得不到 6，反而失去 8；同样，若局中人Ⅱ为使局中人Ⅰ失去 8（自己得到 8）而出策略 β_3，局中人Ⅰ就会出策略 α_2，使局中人Ⅱ反而付出 2；局中人Ⅱ出策略 β_3，至此，局中人Ⅰ发现，只要选择策略 α_2，就能保证自己的赢得不小于 2；局中人Ⅱ也认识到，当局中人Ⅰ选择策略 α_2 时，他只有选择策略 β_3 才能使自己的损失不大于 2，这时，双方都得到了“满意”的结果。

以上分析说明，在矩阵对策中，局中人必须考虑到对方会设法使自己的收入尽量少，如果不存在侥幸心理（稳妥），就应当从最坏的可能出发争取尽量好的结果，这就是所谓的理智行为。

当局中人Ⅰ出策略 α_1 时，他的最小赢得为该行的最小元素 −2（最坏情形）。一般地，当局中人Ⅰ出策略 α_i 时，他的最小赢得为

$$\min_j\{a_{ij}\},\quad i=1,2,\cdots,m$$

在这个例子中，局中人Ⅰ选取策略 α_1，α_2，α_3 时，他的最小赢得分别为 −2，2，−8。在这些可能的最坏情形中，其中最好者为 2。因此，局中人Ⅰ应选取相应的策略 α_2。在这种情况下，无论局中人Ⅱ选取什么策略，局中人Ⅰ的赢得都不会小于 2。

同理，考虑局中人Ⅱ。当局中人Ⅱ出某一策略 β_j 时，其最大付出（或者说

对手的最大赢得）等于局中人Ⅰ的赢得表中该列元素中的最大者，即

$$\max_i \{a_{ij}\},\ j=1,2,\cdots,n$$

在该例中，局中人Ⅱ出策略 β_1,β_2,β_3 时，其最大付出分别为 6，3，2。为使自己的付出尽可能小，局中人Ⅱ应选取策略 β_3。这时，无论局中人Ⅰ选取什么策略，局中人Ⅱ的付出都不会大于 2。

由于在本例中，表 6-1 中各行最小元素的最大值和各列最大元素的最小值相等，即有

$$\max\{-2,2,-8\}=\min\{6,3,2\}=2$$

从而，局中人Ⅰ为使自己的赢得不少于 2，局中人Ⅱ为使自己的付出不多于 2，分别选取策略 α_2 和 β_3 国。结果，局中人Ⅰ赢得 2，局中人Ⅱ付出 2，各自都得到了满意的结局。上述分析过程如表 6-2 所示。

表 6-2　局中人Ⅰ的赢得表

局中人Ⅰ策略	局中人Ⅱ策略			
	β_1	β_2	β_3	$\min_j\{a_{ij}\}$
α_1	−1	3	−2	−2
α_2	4	3	2	[2]
α_3	6	1	−8	−8
$\max_i\{a_{ij}\}$	6	3	[2]	

二、最优纯策略与鞍点

现在讨论具有最优纯策略解的一般矩阵对策。

定义 6-1：对于矩阵对策 $G=\{S_1,S_2,\boldsymbol{A}\}$，若有

$$\max_i \min_j \{a_{ij}\}=\min_j \max_i \{a_{ij}\}=a_{i^*j^*}=V_G \qquad (6-5)$$

则称 V_G 为对策 G 的值，策略 α_{i^*} 和 β_{j^*} 分别称为局中人Ⅰ和局中人Ⅱ的最优纯策略，纯局势 $(\alpha_{i^*},\beta_{j^*})$ 为对策 G 的鞍点，也是该对策的解。

把纯策略 α_{i^*} 和 β_{j^*} 分别称为局中人Ⅰ和局中人Ⅱ最优纯策略的原因是：当

一方采取上述策略时，另一方若存在侥幸心理而不采取相应的策略，他就会吃亏。事实上，当 $V_G \geqslant 0$ 时，局中人Ⅰ有策略获胜，所以他一定会选取自己的最优纯策略，从而迫使局中人Ⅱ在选择策略时不能存在侥幸心理。同理，当 $V_G \leqslant 0$ 时，局中人Ⅱ有策略获胜，所以他一定会选取自己的最优纯策略，从而迫使局中人Ⅰ也采用自己的最优纯策略。

上述分析说明，当矩阵对策存在纯策略意义下的鞍点时，有理智的局中人应采用自己的最优纯策略。这时，只要一方采用其最优纯策略（即使不向对方保密），对方就无法使他的所得小于 V_G（局中人Ⅰ）或所失大于 V_G（局中人Ⅱ）。由此可见，最优局势 $\left(\alpha_{i^*}, \beta_{j^*}\right)$ 具有稳定性，所以也把这种局势称为均衡局势。

例题 6-2：求矩阵对策 $G=\{S_1, S_2, \boldsymbol{A}\}$ 中双方的最优纯策略和对策的值，其中，$S_1=\{\alpha_1, \alpha_2, \alpha_3\}$，$S_2=\{\beta_1, \beta_2, \beta_3, \beta_4\}$，$\boldsymbol{A}=\begin{pmatrix} -2 & 2 & -2 & 7 \\ 4 & 3 & 8 & 5 \\ 8 & -6 & 2 & -1 \end{pmatrix}$。

解：

$$\max_i \min_j \{a_{ij}\} = \max\{-2, 3, -6\} = a_{22} = 3$$

$$\min_j \max_i \{a_{ij}\} = \min\{8, 3, 8, 5\} = a_{22} = 3$$

由于

$$\max_i \min_j \{a_{ij}\} = \min_j \max_i \{a_{ij}\} = a_{22} = 3$$

故纯局势 $\left(\alpha_{i^*}, \beta_{j^*}\right) = \left(\alpha_2, \beta_2\right)$ 为该对策的鞍点，α_2 和 β_2 分别为局中人Ⅰ和局中人Ⅱ的最优纯策略，对策值 V_G=3。

所有矩阵对策都存在纯策略意义下的鞍点么？是否局中人都有最优纯策略？回答是否定的，若有

$$\max_i \min_j \{a_{ij}\} \neq \min_j \max_i \{a_{ij}\}$$

就没有纯策略意义下的鞍点，这时，局中人无最优纯策略，或者说，对策没有纯策略解。

例题 6-3：某矩阵对策 $G=\{S_1, S_2, \boldsymbol{A}\}$ 中，$S_1=\{\alpha_1, \alpha_2, \alpha_3\}, S_2=\{\beta_1, \beta_2, \beta_3\}$，$\boldsymbol{A}=\begin{pmatrix} 0 & -2 & 2 \\ 5 & 4 & -3 \\ 2 & 3 & -4 \end{pmatrix}$，求双方的最优纯策略和对策的值。

解：

$$\max_i \min_j \{a_{ij}\} = \max\{-2,-3,-4\} = a_{12} = -2$$

$$\min_j \max_i \{a_{ij}\} = \min\{5,4,2\} = a_{13} = 2$$

由于

$$\max_i \min_j \{a_{ij}\} \neq \min_j \max_i \{a_{ij}\}$$

故该对策没有鞍点，即在纯策略意义下无解。

下面定理给出了矩阵对策有纯策略解的充分必要条件。

定理 6-1：矩阵对策 $G=\{S_1,S_2,\boldsymbol{A}\}$ 有纯策略解的充分必要条件是：存在某纯局势 $(\alpha_{i^*},\beta_{j^*})$，使得对一切 $i=1,2,\cdots,m$，$j=1,2,\cdots,n$ 都有

$$a_{ij^*} \leqslant a_{i^*j^*} \leqslant a_{i^*j} \tag{6-6}$$

证明：先证明充分性，由于对一切 i 和 j（$i=1,2,\cdots,m$；$j=1,2,\cdots,n$）均有

$$a_{ij^*} \leqslant a_{i^*j^*} \leqslant a_{i^*j}$$

故有

$$\max_i a_{ij^*} \leqslant a_{i^*j^*},\quad a_{i^*j} \leqslant \min_j a_{i^*j}$$

即

$$\max_i a_{ij^*} \leqslant a_{i^*j^*} \leqslant \min_j a_{i^*j}$$

但

$$\min \max_j a_{ij} \leqslant \max_i a_{ij^*}$$

$$\min_j a_{i^*j} \leqslant \max \min_i a_{ij}$$

从而得

$$\min_j \max_i a_{ij} \leqslant a_{i^*j^*} \leqslant \max_i \min_j a_{ij}$$

此外

$$\max_i \min_j a_{ij} \leqslant \min_j \max_i a_{ij}$$

故有

$$\max_i \min_j a_{ij} = \min_j \max_i a_{ij} = a_{i^*j^*}$$

再证明必要性。既然对策 G 有纯策略解，可假设 $\min_j a_{ij}$ 在 $i=i^*$ 时达到最大，$\max_i a_{ij}$ 在 $j=j^*$ 时达到最小，即

$$\max \min a_{ij} = \min_j a_{i^*j}$$

$$\min \max_j x_{ij} = \max_i x_{ij^*}$$

而

$$a_{i^*j^*} = \max\min_i a_{ij} = \min_j \max_i x_{ij}$$

故有

$$a_{i^*j^*} = \min_j \max_i x_{ij} = \max_i x_{ij^*} \geqslant a_{ij^*}$$

$$a_{i^*j^*} = \max\min_i a_{ij} = \min_j a_{i^*j} \leqslant a_{i^*j}$$

从而得到，对一切 $i = 1,2,\cdots,m$；$j = 1,2,\cdots,n$ 有

$$a_{ij^*} \leqslant a_{i^*j^*} \leqslant a_{i^*j}$$

定理得证。

定理 6-1 说明：对某一矩阵对策 G，若能在其局中人Ⅰ的赢得矩阵 $\boldsymbol{A}$ 中找到某一元素 $a_{i^*j^*}$，它同时是它所在行 α_{i^*} 中最小元素和它所在列 β_{j^*} 中的最大元素，则 α_{i^*} 为局中人Ⅰ的最优纯策略，β_{j^*} 为局中人Ⅱ的最优纯策略，$(\alpha_{i^*}, \beta_{j^*})$ 为该对策的鞍点，该对策值 $V_G = a_{i^*j^*}$。

例题 6-4：求矩阵对策 $G = \{S_1, S_2, \boldsymbol{A}\}$ 的鞍点和值，其中局中人Ⅰ的 $S_1 = \{\alpha_1, \alpha_2, \alpha_3, \alpha_4\}$，局中人Ⅱ的 $S_2 = \{\beta_1, \beta_2, \beta_3, \beta_4\}$，$\boldsymbol{A} = \begin{pmatrix} 6 & 5 & 6 & 5 \\ 1 & 4 & 2 & -1 \\ 8 & 5 & 7 & 5 \\ 0 & 2 & 6 & 2 \end{pmatrix}$。

解：

$$\max_i \min_j \{a_{ij}\} = \max\{5, -1, 5, 0\} = a_{12} = a_{14} = a_{32} = a_{34} = 5$$

$$\min_j \max_i \{a_{ij}\} = \min\{8, 5, 7, 5\} = a_{31} = a_{12} = a_{32} = a_{33} = a_{14} = a_{34} = 5$$

这时，该对策有 4 个鞍点，$(\alpha_1, \beta_2), (\alpha_1, \beta_4), (\alpha_3, \beta_2)$ 和 (α_3, β_4)，对策值 V_G=5，鞍点不唯一，对策值唯一。

定理 6-2：如果 $(\alpha_{i_1}, \beta_{j_1})$ 和 $(\alpha_{i_2}, \beta_{j_2})$ 都是矩阵对策 G 的鞍点，则 $(\alpha_{i_1}, \beta_{j_2})$ 和 $(\alpha_{i_2}, \beta_{j_1})$ 也是 G 的鞍点，而且它们对应的对策值相等。

这个定理说明了矩阵对策的最优解的两个性质：

①无差别性，如果 $(\alpha_{i_1}, \beta_{j_1})$ 和 $(\alpha_{i_2}, \beta_{j_2})$ 是矩阵对策 G 的两个解，则 $a_{i_1j_1} = a_{i_2j_2}$。

②可交换性，如果 $(\alpha_{i_1}, \beta_{j_1})$ 和 $(\alpha_{i_2}, \beta_{j_2})$ 是矩阵对策 G 的两个解，则 $(\alpha_{i_1}, \beta_{j_2})$ 和 $(\alpha_{i_2}, \beta_{j_1})$ 也是 G 的解。

第三节　矩阵对策的混合策略

如前文所述，并非所有的矩阵对策都有纯策略意义下的鞍点，也就是说，不是所有的矩阵对策都有纯策略解。

一、混合策略

现研究表 6-3 所示的矩阵对策。显然，该矩阵对策没有纯策略意义下的鞍点，因而，对策双方都没有最优纯策略。

表 6-3　局中人Ⅰ的赢得表

局中人Ⅰ策略	局中人Ⅱ策略		
	β_1	β_2	$\min_j\{a_{ij}\}$
α_1	5	−3	−3
α_2	−2	4	−2
$\max_i\{a_{ij}\}$	5	4	

事实上，若局中人Ⅰ为获得最大利益而选取策略 α_1，局中人Ⅱ就会出策略 β_3，使局中人Ⅰ非但得不到 5，反而失去 3。为对付局中人Ⅱ的这一策略，局中人Ⅰ会选取策略 α_2，局中人Ⅱ就会出策略 β_1；局中人Ⅰ选取策略 α_1，局中人Ⅱ就会出策略 β_2……可知，在这种情况下，局中人双方都没有稳定的纯策略可以选取，该对策不存在最优纯策略解。

在这类对策中，如果一方出某一策略的情报被对方知晓，对方就会选取适当的策略而稳操胜券。因而，局中人双方都必须向对方保密随机选取自己的策略。这就是说，局中人双方都需要确定以多大的概率来选取自己的各个纯策略。

若局中人Ⅰ以概率 x_1 选取策略 α_1，以 $x_2=1-x_1$ 选取策略 α_2；局中人Ⅱ以概率 y_1 选取 β_1，以 $y_2=1-y_1$ 选取策略 β_2。当 $x_1\in(0,1)$ 和 $y_1\in(0,1)$ 取定某确定的值时，概率数组 $(x_1,1-x_1)$ 和 $(y_1,1-y_1)$ 分别称为局中人Ⅰ和Ⅱ的一个混合策略。

现在按照表 6-3 中的数值，计算出局中人Ⅰ的期望赢得：

$$E(x_1,y_1)=(x_1,1-x_1)\begin{pmatrix}5 & -3\\ -2 & 4\end{pmatrix}\begin{pmatrix}y_1\\ 1-y_1\end{pmatrix}$$

$$=14\left[\left(\frac{6}{14}-x_1\right)\left(\frac{7}{14}-y_1\right)\right]+1$$

如果大量重复上述对策过程，则当$x_1=\frac{6}{14}$，即当局中人Ⅰ以概率$\frac{6}{14}$选取策略α_1，以概率$x_2=1-x_1=\frac{8}{14}$选取策略α_2时，其期望赢得等于 1。注意：局中人Ⅰ并不能保证自己的期望赢得超过 1，原因是局中人Ⅱ以$y_1=\frac{7}{14}$的概率选取策略β_1，以$y_2=1-y_1=\frac{7}{14}$的概率选取策略β_2。这样，他就能控制局中人Ⅰ的期望赢得，使之不会多于 1，即局中人Ⅱ的期望损失不会超过 1。这样一来，局中人双方都得到了满意的结果。这时，局中人Ⅰ的最优混合策略是$\left(\frac{6}{14},\frac{8}{14}\right)$，局中人Ⅱ的最优混合策略是$\left(\frac{7}{14},\frac{7}{14}\right)$。

由此可见，当矩阵对策不存在最优纯策略意义下的鞍点时，局中人在选取对策时不是固定采用某一个纯策略，而是采用混合策略，即决定用多大的概率选取自己的每一个纯策略。

一般地，设有一矩阵对策$G=\{S_1,S_2,\boldsymbol{A}\}$，其中，$S_1=\{\alpha_1,\alpha_2,\cdots,\alpha_m\}$，$S_2=\{\beta_1,\beta_2,\cdots,\beta_n\}$，把纯策略集合所对应的概率向量：

$$\boldsymbol{X}=\{x_1,x_2,\cdots,x_m\},x_i\geqslant 0,i=1,2,\cdots,m,\sum_{i=1}^{m}x_i=1 \tag{6-7}$$

和

$$\boldsymbol{Y}=\{y_1,y_2,\cdots,y_n\},y_j\geqslant 0,j=1,2,\cdots,n,\sum_{j=1}^{n}y_j=1 \tag{6-8}$$

分别称为局中人Ⅰ和局中人Ⅱ的混合策略，其中，x_i是局中人Ⅰ选取策略α_i的概率，y_j是局中人Ⅱ选取策略β_j的概率。

此外，称数学期望

$$E(\boldsymbol{X},\boldsymbol{Y})=\boldsymbol{XAY}^{\mathrm{T}}$$

$$=\left(x_1,x_2,\cdots,x_m\right)\begin{pmatrix}a_{11} & a_{12} & \cdots & a_{1n}\\ a_{21} & a_{22} & \cdots & a_{2n}\\ \vdots & \vdots & & \vdots\\ a_{m1} & a_{m2} & \cdots & a_{mn}\end{pmatrix}\begin{pmatrix}y_1\\ y_2\\ \vdots\\ y_n\end{pmatrix} \tag{6-9}$$

$$=\sum_{i=1}^{m}\sum_{j=1}^{n}a_{ij}x_iy_i$$

为局中人Ⅰ的期望赢得，$-E(\boldsymbol{X},\boldsymbol{Y})$ 为局中人Ⅱ的期望赢得，并称（$\boldsymbol{X}$，$\boldsymbol{Y}$）为混合局势。

二、矩阵对策的基本定理

当局中人使用混合策略实施对策时，仍有所谓最优策略的问题。

考虑矩阵对策 $G=\left(S_1,S_2,A\right)$，其中，$S_1=\left\{\alpha_1,\alpha_2,\cdots,\alpha_m\right\}$,$S_2=\left\{\beta_1,\beta_2,\cdots,\beta_n\right\}$，$\boldsymbol{A}=\left(a_{ij}\right)_{m\times n}$。当局中人Ⅰ选定了任一混合策略 $\boldsymbol{X}=\left\{x_1,x_2,\cdots,x_m\right\}$ 时，局中人Ⅱ就会选取这样的混合策略 $\boldsymbol{Y}=\left\{y_1,y_2,\cdots,y_n\right\}$，以使局中人Ⅰ的期望赢得 $E(\boldsymbol{X},\boldsymbol{Y})=\boldsymbol{XAY}^{\mathrm{T}}=\sum_{i=1}^{m}\sum_{j=1}^{n}a_{ij}x_iy_j$ 最小。

对于局中人Ⅰ的每一个混合策略，都可以按照如上方法算出相应的最小期望赢得。在这些最小期望赢得中，必存在最大者，局中人Ⅰ当然要选取对应最大期望赢得的相应混合策略 $\boldsymbol{X}^*=\left\{x_1^*,x_2^*,\cdots,x_m^*\right\}$。将此时局中人Ⅱ的混合策略记为 $\boldsymbol{Y}^*=\left\{y_1^*,y_2^*,\cdots,y_n^*\right\}$，则有

$$\begin{aligned}E\left(\boldsymbol{X}^*,\boldsymbol{Y}^*\right)&=\sum_{i=1}^{m}\sum_{j=1}^{n}a_{ij}x_i^*y_j^*=\max{}_{\boldsymbol{X}}\min{}_{\boldsymbol{Y}}\sum_{i=1}^{m}\sum_{j=1}^{n}a_{ij}x_iy_j\\&=\max{}_{\boldsymbol{X}}\min{}_{\boldsymbol{Y}}E(\boldsymbol{X},\boldsymbol{Y})\end{aligned} \tag{6-10}$$

同样，当局中人Ⅱ取定某一策略 $\boldsymbol{Y}=\left\{y_1,y_2,\cdots,y_n\right\}$ 时，局中人Ⅰ就会选取这样的策略：$\boldsymbol{X}=\left\{x_1,x_2,\cdots,x_m\right\}$，以使自己的赢得 $E(\boldsymbol{X},\boldsymbol{Y})=\boldsymbol{XAY}^{\mathrm{T}}=\sum_{i=1}^{m}\sum_{j=1}^{n}a_{ij}x_iy_j$ 最大。对于局中人Ⅱ的每一个混合策略，都可以计算出这种情况下局中人Ⅰ的最大期望赢得。在这些最大期望赢得中，必存在最小者，局中人Ⅱ当然要选择对应这一期望赢得的相应混合策略 $\boldsymbol{Y}^{**}=\left\{y_1^{**},y_2^{**},\cdots,y_n^{*}\right\}$，以 $\boldsymbol{X}^{**}=\left\{x_1^{**},x_2^{**},\cdots,x_m^{*}\right\}$ 表示此时局中人Ⅰ的混合策略，则有

$$
\begin{aligned}
E\left(X^*,Y^*\right) &= \sum_{i=1}^{m}\sum_{j=1}^{n} a_{ij} X_i^* Y_j^* \\
&= \min_Y \max_X \sum_{i=1}^{m}\sum_{j=1}^{n} a_{ij} x_i y_j \\
&= \min_X \max_Y E(X,Y)
\end{aligned} \tag{6-11}
$$

与具有纯策略意义下鞍点的矩阵对策类似，这时也有最小最大定理成立。

定理6-3：矩阵对策的最小最大定理。已知 $G=\{S_1,S_2,A\}$ 为任一矩阵对策，此处 $S_1=\{\alpha_1,\alpha_2,\cdots,\alpha_m\}$，$S_2=\{\beta_1,\beta_2,\cdots,\beta_n\}$，$A=\left(a_{ij}\right)_{m\times n}$。若以 $X=\{x_1,x_2,\cdots,x_m\}$ 和 $Y=\{y_1,y_2,\cdots,y_n\}$ 分别表示局中人Ⅰ和Ⅱ的混合策略，以 S_m 和 S_n 分别表示局中人Ⅰ和Ⅱ的混合策略集合，即

$$
S_m=\left\{X=\left(x_1,x_2,\cdots,x_m\right) \mid x_i \geqslant 0, i=1,2,\cdots,m; \sum_{i=1}^{m} x_i=1\right\} \tag{6-12}
$$

$$
S_n=\left\{Y=\left(y_1,y_2,\cdots,y_n\right) \mid y_j \geqslant 0, j=1,2,\cdots,n; \sum_{j=1}^{n} y_j=1\right\} \tag{6-13}
$$

则有

$$
\max_{X\in S_m} \min_{Y\in S_n} E(X,Y)=\min_{Y\in S_n} \max_{X\in S_m} E(X,Y)=V_G \tag{6-14}
$$

式中，V_G 为对策的值。

本定理证明从略。

由本定理可知，存在混合策略 $X^*\in S_m$ 和 $Y^*\in S_n$ 使式（6-15）成立：

$$
\min_{Y\in S_n} E\left(X^*,Y\right)=\max_{X\in S_m}\left(X,Y^*\right) \tag{6-15}
$$

局中人Ⅰ取策略 X^* 时，不管局中人Ⅱ如何聪明，也无法使局中人Ⅰ的期望收入小于 V_G；反之，当局中人Ⅱ取策略 Y^* 时，不管局中人Ⅰ如何聪明，也无法使自己的期望收入大于 V_G，即无法使局中人Ⅱ的损失大于 V_G。由此可见，混合策略 X^* 和 Y^* 与前述最优纯策略具有类似的性质，可以把 X^* 和 Y^* 分别称为局中人Ⅰ和Ⅱ的最优（混合）策略，把 $\left(X^*,Y^*\right)$ 称为最优（混合）局势。在最优（混合）局势下，局中人Ⅰ的期望赢得等于对策的值。

该定理说明，任何矩阵对策一定有解，当对策具有纯策略意义下的鞍点时，对策有纯策略解；否则有混合策略解，纯策略可看成混合策略的一种特殊情形。

对于最优混合策略，仿照最优纯策略解，有：混合局势 $\left(X^*,Y^*\right)$ 是矩阵对策 $G=\{S_1,S_2,A\}$ 的解的充要条件是，对一切 $X\in S_m$ 和一切 $Y\in S_n$，均有

$$E\left(X,Y^*\right)\leqslant E\left(X^*,Y^*\right)\leqslant E\left(X^*,Y\right) \tag{6-16}$$

式（6-16）说明，在局势下，局中人Ⅰ的期望赢得$E\left(X^*,Y^*\right)$等于局中人Ⅰ取策略X^*时的最小期望赢得值，也等于局中人Ⅱ取策略Y^*时局中人Ⅰ的最大期望赢得值。

定理6-4：若$\left(X^*,Y^*\right)$为矩阵对策$G=\{S_1,S_2,A\}$的最优混合局势，则对每一个i和j来说，有以下条件成立。

①若$x_i^*\neq 0$，则$\sum_{j=1}^{n}a_{ij}y_j^*=V_G$。（6-17）

②若$y_j^*\neq 0$，则$\sum_{i=1}^{m}a_{ij}x_i^*=V_G$。（6-18）

③若$\sum_{j=1}^{n}a_{ij}y_j^*<V_G$，则$x_i^*=0$。（6-19）

④若$\sum_{i=1}^{m}a_{ij}x_i^*>V_G$，则$y_j^*=0$。（6-20）

此处

$$V_G=E\left(X^*,Y^*\right) \tag{6-21}$$

证明：因为X^*和Y^*分别是局中人Ⅰ和局中人Ⅱ的最优混合策略，由式（6-15）有

$$\min_{Y\in S_n}E\left(X^*,Y\right)=\max_{X\in S_m}\left(X,Y^*\right)=V_G$$

令

$$I_i=(0,\cdots,0,1,0,\cdots,0)$$

则有

$$V_G-\sum_{j=1}^{n}a_{ij}y_j^*=\max_{X\in S_m}\left(X,Y^*\right)-E\left(I_i,Y^*\right)\geqslant 0$$

由于

$$\sum_{i=1}^{m}x_i^*=1$$

$$\sum_{i=1}^{m}\sum_{j=1}^{n}a_{ij}x_i^*y_j^*=E\left(X^*,Y^*\right)=V_G,i=1,2,\cdots,m$$

故有

$$\sum_{i=1}^{m}x_i^*\left(V_G-\sum_{j=1}^{n}a_{ij}y_j^*\right)=V_G\sum_{i=1}^{m}x_i^*-\sum_{i=1}^{m}\sum_{j=1}^{n}a_{ij}x_i^*y_j^*=0$$

因对所有 i 均有

$$x_i^*\geqslant 0，\ V_G-\sum_{j=1}^{n}a_{ij}y_j^*\geqslant 0$$

从而对每一个 i，若 $x_i^*\neq 0$，则必有 $\sum_{j=1}^{n}a_{ij}y_j^*=V_G$。若 $\sum_{j=1}^{n}a_{ij}y_j^*<V_G$，则必有 $x_i^*=0$。

至此，定理①和③得证，同理可证明②和④。

根据本定理，若已知某最优混合局势 $\left(\boldsymbol{X}^*,\ \boldsymbol{Y}^*\right)$，则可把局中人Ⅰ的赢得矩阵 $\boldsymbol{A}$ 的行和列区分如下：

第一类行：$x_i^*\neq 0$，$\sum_{j=1}^{n}a_{ij}y_j^*=V_G$。

第二类行：$x_i^*=0$，$\sum_{j=1}^{n}a_{ij}y_j^*=V_G$。

第三类行：$x_i^*=0$，$\sum_{j=1}^{n}a_{ij}y_j^*<V_G$。

第一类列：$x_i^*=0$，$\sum_{j=1}^{n}a_{ij}y_j^*<V_G$。

第二类列：$y_j^*=0$，$\sum_{i=1}^{m}a_{ij}x_i^*=V_G$。

第三类列：$y_j^*=0$，$\sum_{i=1}^{m}a_{ij}x_i^*>V_G$。

第四节　矩阵对策的求解

当用对策论的方法解决实际问题时，先要建立对策数学模型，再选择适当的方法进行求解，以确定局中人的最优策略，并计算对策的值，如果所讨论的矩阵对策问题有纯策略解，则可按前文讲述的方法解决；如果没有纯策略解，则可用本节介绍的方法求解。

一、建立对策模型

为正确建立实际问题的对策数学模型，先要弄清楚谁是局中人；接着，查清楚局中人双方的所有可能策略，即确定各局中人的策略集合；然后，通过调查、计算或其他方法，得出各局势下局中人的赢得函数。

例题 6-5：A 和 B 双方交战。A 方派出两架轰炸机 A_1 和 A_2 去轰炸 B 方阵地，A_1 在前，A_2 在后，其中一架带炸弹，另一架用来掩护，B 方派一架歼击机在途中拦截，如果歼击机攻击 A_1，则将受到 A_1 和 A_2 的还击；如果歼击机攻击 A_2，则只受到 A_2 的还击，两架轰炸机的火炮装置一样，每架轰炸机击毁歼击机的概率均为 $p_1 = 0.4$，歼击机在未被击中的条件下击毁轰炸机的概率为 $p_2 = 0.9$，求双方的最优策略。

（1）对 A 方来说，哪一架轰炸机带炸弹？

（2）对 B 方而言，歼击机攻击哪一架轰炸机？

解：交战双方 A 和 B 各为一个局中人，A 方有两个策略：α_1——A_1 带炸弹；α_2——A_2 带炸弹。B 方有两个策略：β_1——歼击机攻击 A_1；β_2——歼击机攻击 A_2。

在该对策问题中，A 方的目的是轰炸 B 方阵地，只要 A 方的带弹轰炸机不被 B 方击中，即可实现这一目标，因而，可以把 A 方的带弹轰炸机不被击中的概率作为 A 方赢得矩阵的元素，以 a_{ij} 表示这些元素，其赢得表如表 6-4 所示。

表 6-4　A 方的赢得表

A 方的策略	B 方的策略	
	β_1（攻击 A_1）	β_2（攻击 A_2）
α_1（A_1 带弹）	a_{11}	a_{12}
α_2（A_2 带弹）	a_{21}	a_{22}

下面计算表 6-4 中各元素的值。

（1）a_{11}：A_1 带弹，歼击机攻击 A_1，A_1 未被击中的概率等于歼击机被击中的概率与歼击机虽未被击中但却未能击中 A_1 的概率之和。

①一架轰炸机未击中歼击机的概率：$1-p_1$；

②两架轰炸机均未击中歼击机的概率：$(1-p_1)^2$。

从而可得

$$a_{11}=\left[1-\left(1-p_1\right)^2\right]+\left(1-p_1\right)^2\left(1-p_2\right)$$
$$=\left[1-(1-0.4)^2\right]+(1-0.4)^2\times(1-0.9)=0.676$$

（2）a_{12}：A_1 带弹，歼击机攻击 A_2。这时，A_1 肯定不会被击中，从而 $a_{12}=1.0$。

（3）a_{21}：A_2 带弹，歼击机攻击 A_1，这时，带弹轰炸机 A_2 肯定不会被击中，故 $a_{21}=1.0$。

（4）a_{22}：A_2 带弹，歼击机攻击 A_2，A_2 未被击中的概率等于以下两个概率之和。

①歼击机被击中的概率：因歼击机攻击 A_2 时仅遭 A_2 的还击，故这个概率等于 p_1。

②歼击机虽未被击中，但它也未能击中 A_2 的概率等于 $\left(1-p_1\right)\left(1-p_2\right)$。
从而可得

$$a_{22}=p_1+\left(1-p_1\right)\left(1-p_2\right)$$
$$=0.4+(1-0.4)\times(1-0.9)=0.46$$

如此就建立了这个问题的矩阵对策的数学模型，其中局中人分别为交战双方 A 和 B，局中人 A 的赢得矩阵为 $\begin{pmatrix}0.676 & 1.0\\ 1.0 & 0.46\end{pmatrix}$。

这个对策没有纯策略意义下的鞍点，因而不存在纯策略解，现以 $\boldsymbol{X}^*=\left(x_1^*,\ x_2^*\right)$ 和 $\boldsymbol{Y}^*=\left(y_1^*,\ y_2^*\right)$ 分别表示局中人 A 和 B 的最优混合策略，设该对策的值为 V_G，则由定理 6-4 可知下述两个方程组成立。

$$\begin{cases}0.676x_1^*+x_2^*=V_G\\ x_1^*+0.46x_2^*=V_G\\ x_1^*+x_2^*=1\\ x_1^*,x_2^*>0\end{cases}$$

和

$$\begin{cases}0.676y_1^*+y_2^*=V_G\\ y_1^*+0.46y_2^*=V_G\\ y_1^*+y_2^*=1\\ y_1^*,y_2^*>0\end{cases}$$

解之，可得局中人 A 和 B 的最优混合策略如下：

$$\boldsymbol{X}^*=(0.625,0.375)\text{ 和 }\boldsymbol{Y}^*=(0.625,0.375)$$

对策的值 V_G=0.798。

结果表明：若该对策多次重复进行，A 方应以概率 62.5% 的次数让 A_1 带弹，以概率 37.5% 的次数让 A_2 带弹。这时，A 方将会有概率 79.8% 的次数完成对 B 方阵地的轰炸任务。为了不使 A 方完成轰炸任务的可能性高于 79.8%，B 方的歼击机应以概率 62.5% 的次数攻击 A_1，以概率 37.5% 的次数攻击 A_2。

二、图解法

对于没有纯策略解的矩阵对策问题，当两个局中人之一仅有两个策略可以选取时，可用图解法求对策的解。

下面以例题 6-6 为例，说明图解法的原理和求解过程。

例题 6-6：矩阵对策 $G=\{S_1, S_2, \boldsymbol{A}\}$，其中 $S_1=\{\alpha_1, \alpha_2\}$，$S_2=\{\beta_1, \beta_2, \beta_3\}$，$\boldsymbol{A}=\begin{pmatrix} 2 & 3 & 11 \\ 7 & 5 & 2 \end{pmatrix}$，求双方的最优混合策略和对策的值。

解：用 x_1 和 $1-x_1$ 分别表示局中人Ⅰ选取策略 α_1 和 α_2 时的概率，以 y_1，y_2 和 y_3 分别表示局中人Ⅱ选取策略 β_1，β_2 和 β_3 时的概率，以 V_G 表示各种局势下局中人Ⅰ的赢得（局中人Ⅱ的损失）。

如图 6-1 所示，横坐标轴过数轴上坐标为 0 和 1 的两点分别画数轴的两条垂线，即直线Ⅰ和直线Ⅱ。垂线上的纵坐标分别表示局中人Ⅰ采取纯策略 α_1 和 α_2 时，局中人Ⅱ采取各纯策略时的赢得值。当局中人Ⅰ选择每一策略 $(x_1, 1-x_1)^{\mathrm{T}}$ 后，他的最少可能的收入由 β_1，β_2，β_3 所确定的三条直线在 x 处的纵坐标中的最小者决定。所以，对局中人Ⅰ来说，他的最优选择是确定使三个纵坐标中的最小者尽可能大。从图 6-1 来看，就是使得 $x=OA$。这时，B 点的纵坐标即为对策的值 V_G，为求对策的值，可联立过 B 点的两条由 β_2 和 β_3 确定的直线的方程。

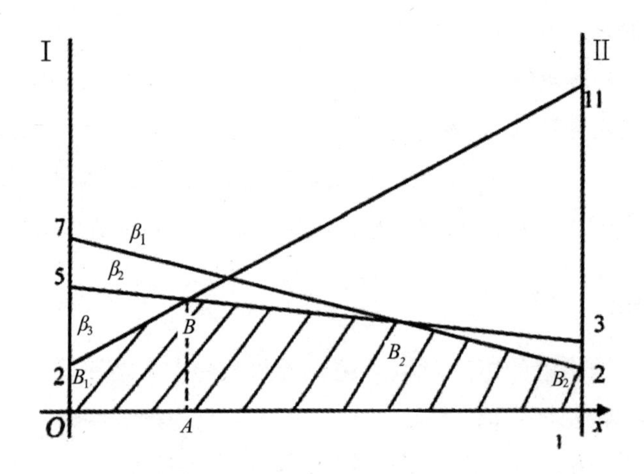

图 6-1　例题 6-6

$$\begin{cases} 3x_1 + 5(1 - x_1) = V_G \\ 11x_1 + 2(1 - x_1) = V_G \end{cases}$$

解得 $x_1 = \frac{3}{11}$，$V_G = \frac{49}{11}$，所以局中人Ⅰ的最优策略为 $\boldsymbol{X}^* = \left(\frac{3}{11}, \frac{8}{11}\right)^{\mathrm{T}}$。从图 6-1 还可以看出，局中人Ⅱ的最优混合策略只由 β_2 和 β_3 组成，所以 $y_1 = 0$，由

$$\begin{cases} 3y_2 + 11y_3 = \frac{49}{11} \\ 5y_2 + 2y_3 = \frac{49}{11} \\ y_2 + y_3 = 1 \end{cases}$$

求得 $y_2 = \frac{9}{11}$，$y_3 = \frac{2}{11}$。所以，局中人Ⅱ的最优混合策略为 $\boldsymbol{Y}^* = \left(0, \frac{9}{11}, \frac{2}{11}\right)^{\mathrm{T}}$。

例题 6-7：用图解法求解矩阵对策 $G = \{S_1, S_2, \boldsymbol{A}\}$，其中 $S_1 = \{\alpha_1, \alpha_2, \alpha_3\}$，$S_2 = \{\beta_1, \beta_2\}$，$\boldsymbol{A} = \begin{pmatrix} 2 & 7 \\ 6 & 6 \\ 11 & 2 \end{pmatrix}$。

解：设局中人Ⅱ的混合策略为 $(y, 1-y)^{\mathrm{T}}$，$y \in [0,1]$，则由图 6-2 可知，对任一 $y \in [0,1]$，直线 α_1，α_2，α_3 在垂线上的纵坐标是局中人Ⅱ采取混合策略 $(y, 1-y)^{\mathrm{T}}$ 时的支付。根据从最不利当中选择最有利的原则，局中人Ⅱ的最优策略就是确定 y，使得三个纵坐标中的最大者尽可能地小。从图 6-2 可知，就是要

选择 y，使得 $y_1 \leqslant y \leqslant y_2$。这时，对策的值为 6，由方程组

$$\begin{cases} 2y_1 + 7(1 - y_1) = 6 \\ 11y_2 + 2(1 - y_2) = 6 \end{cases}$$

解得 $y_1 = \frac{1}{5}$，$y_2 = \frac{4}{9}$。故局中人Ⅱ的最优混合策略是 $\boldsymbol{Y}^* = (y, 1 - y)^{\mathrm{T}}$，其中 $\frac{1}{5} \leqslant y \leqslant \frac{4}{9}$，局中人Ⅰ的最优混合策略显然只能是 $\boldsymbol{X}^* = (0,1,0)^{\mathrm{T}}$，即取纯策略 α_2。

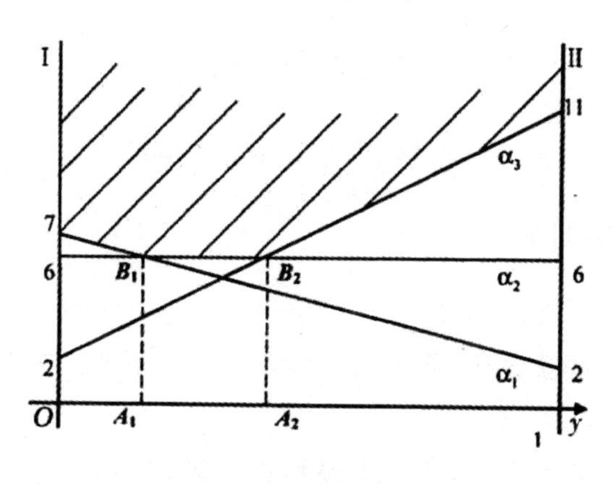

图 6-2 例题 6-7

三、方程组法

对于 2×2 矩阵对策，当局中人Ⅰ的赢得矩阵

$$\boldsymbol{A} = \begin{pmatrix} a_{11} & a_{12} \\ a_{21} & a_{22} \end{pmatrix}$$

不存在鞍点时，容易证明：各局中人的混合策略中的 x_i^* 和 y_j^* 均大于零，于是可以通过解方程组

$$\begin{cases} a_{11}x_1 + a_{12}x_2 = V_G \\ a_{21}x_1 + a_{22}x_2 = V_G \\ x_1 + x_2 = 1 \end{cases}$$

和

$$\begin{cases} a_{11}y_1 + a_{12}y_2 = V_G \\ a_{21}y_1 + a_{22}y_2 = V_G \\ y_1 + y_2 = 1 \end{cases}$$

求出两个局中人的最优混合策略：

$$x_1^* = \frac{a_{22} - a_{21}}{(a_{11} + a_{22}) - (a_{12} + a_{21})}$$

$$x_2^* = \frac{a_{11} - a_{12}}{(a_{11} + a_{22}) - (a_{12} + a_{21})}$$

$$y_1^* = \frac{a_{22} - a_{12}}{(a_{11} + a_{22}) - (a_{12} + a_{21})}$$

$$y_2^* = \frac{a_{11} - a_{21}}{(a_{11} + a_{22}) - (a_{12} + a_{21})}$$

$$V_G = \frac{a_{11}a_{22} - a_{12}a_{21}}{(a_{11} + a_{22}) - (a_{12} + a_{21})}$$

四、简化矩阵对策

由前面的讨论可知，2×2 矩阵对策的求解是很容易的，但是，当局中人的策略增多时，其求解就要麻烦得多了。这时，如有可能，在求解之前应先进行化简。

已假定局中人双方都是理智的，从而在选取策略时总是选择对自己有利的策略。显然，若存在某纯策略，其赢得肯定比别的纯策略小（或损失肯定比别的纯策略大），局中人绝不会选取这种策略（或说选择这种策略的概率等于零），从而在求解时可将这些劣策略删去，而使赢得矩阵得到简化。

下面介绍优超原理。

设有一个矩阵对策 $G = \{S_1, S_2, \boldsymbol{A}\}$，其中 $S_1 = \{\alpha_1, \alpha_2, \cdots, \alpha_m\}$，$S_2 = \{\beta_1, \beta_2, \cdots, \beta_n\}$，$\boldsymbol{A} = (a_{ij})_{m \times n}$。

（1）若局中人Ⅰ的赢得矩阵 $\boldsymbol{A}$ 存在某两行 i 和 k，它们的元素有如下关系：

$$a_{ij} \geqslant a_{kj}, j = 1, 2, \cdots, n$$

则称策略 α_i 优于 α_k，或称 α_k 为劣策略，表示为 $\alpha_i \succ \alpha_k$。局中人Ⅰ不会选择该策略，可将其在赢得矩阵中删去。

（2）若局中人Ⅰ的赢得矩阵 $\boldsymbol{A}$ 中存在某两列 j 和 l，它们的元素有如下关系：

$$a_{ij} \leqslant a_{il}, i = 1, 2, \cdots, m$$

则称策略 β_j 优于 β_l，这时，β_l 为劣策略，表示为 $\beta_j \succ \beta_t$。局中人Ⅱ不会选择该策略，可将其在赢得矩阵中删去。

当存在上述优超关系时，在求解矩阵对策之前，可先将其赢得矩阵化简。

可以证明，经上述化简之后，矩阵对策的最优策略不变，对策的值也不变。

例题 6-8：用优超原理求解矩阵对策问题：$G=\{S_1,S_2,\boldsymbol{A}\}$，其中 $S_1=\{\alpha_1,\alpha_2,\alpha_3,\alpha_4,\alpha_5\}$，$S_2=\{\beta_1,\beta_2,\beta_3,\beta_4,\beta_5\}$，$\boldsymbol{A}=\begin{pmatrix}3&5&1&3&2\\6&0&2&5&8\\7&3&8&5&8\\4&6&7&7&4\\6&0&8&8&3\end{pmatrix}$。

解：由于第 4 行优于第 1 行，第 3 行优于第 2 行，故删去第 1 行和第 2 行，从而得到：

$$\boldsymbol{A}_1=\begin{pmatrix}7&3&8&5&8\\4&6&7&7&4\\6&0&8&8&3\end{pmatrix}$$

对于 $\boldsymbol{A}_1$，第 1 列优于第 3 列，第 2 列优于第 4 列，故删去第 3 列和第 4 列，这就得到：

$$\boldsymbol{A}_2=\begin{pmatrix}7&3&8\\4&6&4\\6&0&3\end{pmatrix}$$

对于 $\boldsymbol{A}_2$，第 1 行优于第 3 行，故删去第 3 行，从而得到：

$$\boldsymbol{A}_3=\begin{pmatrix}7&3&8\\4&6&4\end{pmatrix}$$

对于 $\boldsymbol{A}_3$，第 1 列优于第 3 列，删去第 3 列，这就得到：

$$\boldsymbol{A}_4=\begin{pmatrix}7&3\\4&6\end{pmatrix}$$

从而将原对策化为 2×2 对策，解之得

$$\boldsymbol{X}^*=\left(0,0,\frac{1}{3},\frac{2}{3},0\right),\quad \boldsymbol{Y}^*=\left(\frac{1}{2},\frac{1}{2},0,0,0\right)$$

对策的值 $V_G=5$。

（3）设有两个矩阵对策：

$$G_1=\{S_1,S_2,\boldsymbol{A}^{(1)}\},\quad G_2=\{S_1,S_2,\boldsymbol{A}^{(2)}\}$$

其赢得矩阵有如下关系（对所有的 i 和 j）：

$$a_{ij}^{(2)}=a_{ij}^{(1)}+d$$

则这两个矩阵对策的最优策略相同，对策的值：

$$V_G^{(2)} = V_G^{(1)} + d$$

利用矩阵对策的这一性质，也可使矩阵对策的求解过程简化。

第五节　矩阵对策化成线性规划

对于不存在纯策略意义下鞍点的矩阵对策来说，如果经化简之后，每个局中人的策略仍不少于三个，就不能使用前面所讲的方法进行求解。这时，可将其转化为线性规划问题求解。

考虑矩阵对策 $G = \{S_1, S_2, \boldsymbol{A}\}$，其中局中人Ⅰ的赢得矩阵为

$$\boldsymbol{A} = \begin{pmatrix} a_{11} & a_{12} & \cdots & a_{1n} \\ a_{21} & a_{22} & \cdots & a_{2n} \\ \vdots & \vdots & & \vdots \\ a_{m1} & a_{m2} & \cdots & a_{mn} \end{pmatrix}$$

设局中人Ⅰ和Ⅱ的混合策略分别为 $\boldsymbol{X} = \{x_1, x_2, \cdots, x_m\}$ 和 $\boldsymbol{Y} = \{y_1, y_2, \cdots, y_n\}$，对策值等于 V_G。

当局中人Ⅰ选取纯策略 α_1 时，其期望赢得为

$$a_{11}y_1 + a_{12}y_2 + \cdots + a_{1n}y_n$$

由于只有当局中人Ⅰ选取最优混合策略时，期望赢得才达到 V_G，否则，因局中人Ⅱ总是力图使局中人Ⅰ的赢得尽量少，从而有

$$a_{11}y_1 + a_{12}y_2 + \cdots + a_{1n}y_n \leqslant V_G$$

同样道理，当局中人Ⅰ选取其他纯策略时，有

$$a_{21}y_1 + a_{22}y_2 + \cdots + a_{2n}y_n \leqslant V_G$$

$$\cdots\cdots$$

$$a_{m1}y_1 + a_{m2}y_2 + \cdots + a_{mn}y_n \leqslant V_G$$

此外

$$y_1 + y_2 + \cdots + y_n = 1$$

$$y_j \geqslant 0, \quad j = 1, 2, \cdots, n$$

不失一般性，假定 $V_G > 0$，用 V_G 除以上各式，得到

$$a_{11}\frac{y_1}{V_G}+a_{12}\frac{y_2}{V_G}+\cdots+a_{1n}\frac{y_n}{V_G}\leqslant 1$$

$$a_{21}\frac{y_1}{V_G}+a_{22}\frac{y_2}{V_G}+\cdots+a_{2n}\frac{y_n}{V_G}\leqslant 1$$

$$\cdots\cdots$$

$$a_{m1}\frac{y_1}{V_G}+a_{m2}\frac{y_2}{V_G}+\cdots+a_{mn}\frac{y_n}{V_G}\leqslant 1$$

$$\frac{y_1}{V_G}+\frac{y_2}{V_G}+\cdots+\frac{y_n}{V_G}=\frac{1}{V_G}$$

$$\frac{y_j}{V_G}\geqslant 0,\quad j=1,2,\cdots,n$$

局中人Ⅱ力图使对策的值 V_G 尽可能小，即使 $\frac{1}{V_G}$ 尽可能大。现引入新变量 $y_j'(j=1,\ 2,\cdots,n)$：

$$y_1'=\frac{y_1}{V_G},y_2'=\frac{y_2}{V_G},\cdots,y_n'=\frac{y_n}{V_G}$$

从而可将上述问题变为下述线性规划问题：

$$\max\frac{1}{V_G}=y_1'+y_2'+\cdots+y_n'$$

$$\text{s. t.}\begin{cases}a_{11}y_1'+a_{12}y_2'+\cdots+a_{1n}y_n'\leqslant 1\\ a_{21}y_1'+a_{22}y_2'+\cdots+a_{2n}y_n'\leqslant 1\\ \cdots\cdots\\ a_{m1}y_1'+a_{m2}y_2'+\cdots+a_{mn}y_n'\leqslant 1\\ y_j'\geqslant 0,j=1,2,\cdots,n\end{cases}$$

或写成

$$\max\frac{1}{V_G}=\sum_{j=1}^{n}y_j'$$

$$\text{s. t.}\begin{cases}\sum_{j=1}^{n}a_{ij}y_j'\leqslant 1,i=1,2,\cdots,m\\ y_j'\geqslant 0,j=1,2,\cdots,n\end{cases}$$

解此线性规划问题，可得局中人Ⅱ的最优混合策略和对策的值，进行类似的分析，可得

$$\min \frac{1}{V_G} = x_1' + x_2' + \cdots + x_m'$$

$$\text{s. t.} \begin{cases} a_{11}x_1' + a_{21}x_2' + \cdots + a_{m1}x_m' \geqslant 1 \\ a_{12}x_1' + a_{22}x_2' + \cdots + a_{m2}x_m' \geqslant 1 \\ \cdots\cdots \\ a_{1n}x_1' + a_{2n}x_2' + \cdots + a_{mn}x_m' \geqslant 1 \\ x_i' \geqslant 0, i = 1, 2, \cdots, m \end{cases}$$

或

$$\min \frac{1}{V_G} = \sum_{i=1}^{m} x_i'$$

$$\text{s. t.} \begin{cases} \sum_{i=1}^{m} a_{ij}x_i' \geqslant 1, j = 1, 2, \cdots, n \\ x_i' \geqslant 0, i = 1, 2, \cdots, m \end{cases}$$

解此线性规划问题，可得局中人 I 的最优混合策略和对策的值。

由于以上线性规划问题是一对对偶问题。当用单纯形方法求解时，解出其中的一个就可以得到另一个的解。

当矩阵 $\boldsymbol{A}$ 中含有负元素而使 V_G 有可能非正时，构造矩阵 $\boldsymbol{A}' = \boldsymbol{A} + \boldsymbol{d}\bar{\boldsymbol{I}}$（$\bar{\boldsymbol{I}}$ 为所有元素均为 1 的矩阵，且与 $\boldsymbol{A}$ 同型；$\boldsymbol{d} > 0$），其所有元素均非负。以 $\boldsymbol{A}'$ 为赢得矩阵构成一个新的矩阵对策，即可利用线性规划的问题方法求解。

第七章　决策论

第一节　决策的基本概念

一、决策的定义

决策是人类的一种普遍性活动，指个人或集体为达到预定目标，从两个以上的可行方案中选择最优方案或综合成最优方案，并推动方案实施的过程。正确的决策是人们采取有效行动、达到预期目标的前提。决策活动广泛存在于社会实践的各个领域，贯穿于管理工作的各个环节。

决策在管理活动中具有十分重要的地位。诺贝尔经济学奖获得者赫伯特·A. 西蒙（Herbert A. Simon）认为，决策是管理的中心，贯穿于管理的全过程，所以可以说“决策就是管理”，也可以说“管理就是决策”。朴素的决策思想自古就有，但在落后的生产方式和技术条件下，决策主要凭借个人的智慧和经验。随着生产和科学技术的发展，人们对决策问题的分析已形成了一套科学的方法和程序。

由于人的社会活动是多方面、多层次、多领域的，所以有关的决策问题和决策活动也是多方面、多层次、多领域的。无论是政治、经济、军事、文化、教育，还是工程技术、经济管理、交通运输等各个领域都存在着大量的决策问题。比如物流决策，就是在物流管理中与物流活动相关的决策问题，如物流中心选址决策、物流经济决策等。

二、决策的要素

（一）决策者

决策者指的是决策过程的主体，即决策人。一般来说，其代表着某一方的利益。决策的正确与否受决策者所处的社会、政治、经济、文化等环境及决策者个人素质的影响。正确的决策需要科学的决策程序，需要集体的智慧。

（二）方案

方案是为实现既定目标而采取的一系列活动或措施。方案可以是有限的，也可以是无限的。在现实生活中选择方案，需考虑技术、经济等的可行性，一般都是有限的。

（三）自然状态

自然状态是指决策者会遇到不受决策者个人意志控制的客观状况，如战争、天灾等，决策时要进行预先估计。

（四）损益值

每一个可行方案在每一个客观情况下可能产生的后果，称为损益值。对应于 n 种自然状态和 m 个方案，便可得到一个 m 行 n 列的矩阵，称为损益矩阵。

三、决策的分类

由于事物发展变化的复杂性，要分析、解决的问题也有多种类型，从不同的角度分析决策问题，可以得出不同的决策分类。

（一）按决策环境分类

按决策环境分类可将决策问题分为确定型、风险型和不确定型三种。确定型决策是指决策环境是完全确定的，做出的选择也是确定的。风险型决策是指决策的环境不是完全确定的，而其发生的概率是已知的。不确定型决策是指决策者对将发生的事件的概率一无所知，只能凭决策者的主观倾向进行决策。

（二）按决策过程的连续性分类

按决策过程的连续性分类可分为单项决策和序贯决策。单项决策是指整个决策过程只做一次决策就能得到结果。序贯决策是指整个决策过程由一系列决策组成。一般来讲，物流管理活动是由一系列决策组成的，但往往可把这一系列决策中的几个关键决策环节分别看成单项决策。

（三）按定量和定性分类

按定量和定性分类可分为定量决策和定性决策。描述决策对象的指标都可以量化时用定量决策，否则只能用定性决策。总的趋势是尽可能地把决策问题量化。

（四）按决策的结构分类

按决策的结构分类可分为程序化决策和非程序化决策。程序化决策是指针对经常出现的问题，可以按照现有的经验、方法和步骤进行的决策，如订单标价、核定工资、生产调度等。非程序化决策是指针对临时或偶尔出现的问题，必须采取新的方法和步骤进行的决策，如开辟新市场、作战指挥决策等。

（五）按性质的重要性分类

按性质的重要性分类可将决策分为战略决策、策略决策和执行决策。战略决策是涉及企业发展和生存的全局性、长远性问题的决策，如厂址的选择、新产品和新市场的开发等。策略决策是为完成战略决策所规定的目标而进行的决策，如企业的产品规格选择、工艺方案和设备的选择等。执行决策是根据策略决策的要求对执行方案的选择，如生产标准选择、生产调度、人员和财力配备等。

四、决策的基本步骤

决策的基本步骤如图 7-1 所示。

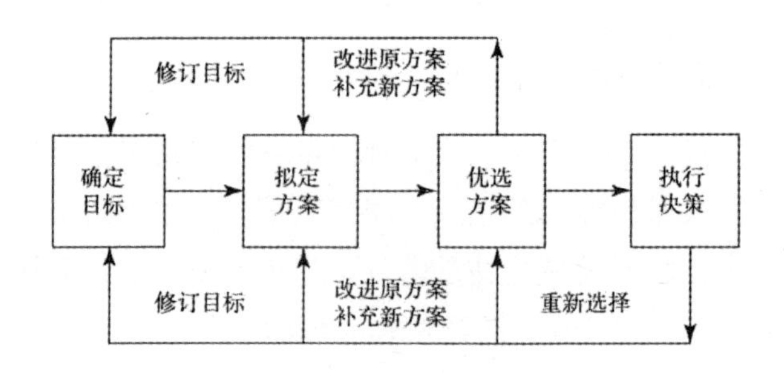

图 7-1　决策的基本步骤

决策过程就是实施决策的步骤，一般包括以下四个步骤。

（一）确定目标

在重大事件的决策过程中，首先要确定目标。决策目标一定要具体明确，避免抽象、含糊。如果决策的目标不止一个，则应分清主次，优先实现主要目标。

（二）拟订方案

决策工作的中心任务就是根据决策目标，通过各种调查研究和综合分析，产生多个可供选择的决策方案。可行方案指技术上先进、经济上合理的方案。

（三）优选方案

首先，由专业技术人员运用运筹学、数理统计等知识进行定量分析比较，找出初步的最优方案。其次，由业务主管部门组织方案论证。最后，由决策领导者对经过论证的方案进行最后抉择，决定是否采纳。

（四）执行决策

决策形成以后，由职能部门编制计划、组织实施。

决策并不是一次就能够完成的，应该反复修正，直到各方面都尽可能地达到满意为止。此外，决策方案也不是一成不变的，需要在实施过程中根据实际情况不断进行调整和完善。

五、决策中的几个问题

（一）决策必须有资源作保证

要考虑到人力、资金、设备、原材料、技术、时间、市场管理能力等方面的条件，只有这些资源得到满足，决策才有实现的可能。

（二）一个好的决策者必须有应付变化的能力

客观情况总是变化的，经济管理决策面对的是环境多变的可能性。决策者不仅要认识到这种可能性，而且要事先考虑一些应变措施，使决策具有一定的弹性，留有回旋的余地。

（三）应充分考虑到决策所面临的风险

不冒任何风险的决策，客观上是不存在的。决策总是面临未来事件的，而未来事件总是带有不确定性。所以，决策或多或少得冒一定的风险，有时要获得大成就的决策，往往要冒较大的风险。对于决策者来说，问题不在于要不要冒风险，而是要估计一个界限可以冒多大程度的风险，且要使风险损失不至于引起灾难性的不可挽回的后果。

（四）决策的方式和范围

决策的方式可以是复杂的，也可以是简单的，这两种类型的方式都要用，但有个范围问题。如果是重大问题，事关整个企业的兴衰，如投资、厂址选择、设备更新、产品品种及产量、市场、价格、成本、人事等，则需要用到复杂的方式；而一般的日常工作或小问题，就不必用复杂方式进行决策，只要用简单方式就可以了。

（五）个人决策与集体决策

一个人的思路和知识总是有限的，在决策过程中要充分发挥集体的智慧，参与的人多了，考虑问题就相对全面。一般来说，作出的决策也比一个人作出的决策成功的概率要大。

决策过程是一个复杂的过程，要用到运筹学、经济学、心理学、社会学及电子计算机等方面的知识，还有决策人的主观因素在起作用。因此，需要决策者掌握相关的知识、精通有关技术，并通过反复实践作出好决策。

第二节　风险型决策

风险型决策指在决策问题中，决策者除了知道未来可能出现哪些状态外，还知道出现这些状态的概率分布。决策者要根据几种不同自然状态下可能发生的概率进行决策。由于在决策中引入了概率，所以根据不同概率拟定不同的决策方案，无论选择哪一种决策方案，都要承担一定程度的风险。

风险型决策问题应具备以下几个条件。

①具有决策者希望的一个明确目标。

②具有两个以上不以决策者的意志为转移的自然状态。

③具有两个以上的决策方案可供决策者选择。

④不同决策方案在不同自然状态下的损益值可以计算出来。

⑤不同自然状态出现的概率，决策者可以事先计算或估计出来。

例如，某企业计划贷款修建一个仓库，初步考虑了三种建仓库的方案：修建大型仓库；修建中型仓库；修建小型仓库。经初步估算，编制出每种方案在不同的货物量下的损益值，见表 7-1。根据对货运量的调查分析，估计出货物量大的可能性是 50%，货物量中的可能性是 30%，货物量小的可能性是 20%，要求进行方案决策。

表 7-1　损益值

万元

方案	货物量		
	货物量大	货物量中	货物量少
建大型仓库	90	40	20
建中型仓库	50	70	40
建小型仓库	30	50	60

风险型决策的常用方法有最大可能法和期望值准则法，下面将分别进行介绍。

一、最大可能法

在某些情况下，确定型决策问题要比风险型决策问题容易些。那么，在什么条件下才能把风险型决策问题转化为确定型决策问题呢？根据概率论的原理，一个事件的概率越大，其发生的可能性就越大。基于这种想法，在风险型决策问题中选择一个概率值最大的自然状态进行决策，且不考虑其他自然状态，这样就变成了确定型决策问题，这就是最大可能法。

最大可能法的决策过程非常简单。首先，从各自然状态的概率值中选出最大者对应的状态，其余状态则不再考虑；其次，根据在最大可能状态下各方案的损益值进行决策。

下面利用最大可能法对本节案例中所提出的问题进行决策。根据估计的三种状态概率值的大小，只需要考虑发生概率最大的“货物量大”这一情况，分别从收益值最大和损失值最小两个方面进行决策，见表 7-2。

表 7-2　只考虑“货物量大”

方案	收益值最大 / 万元	损失值最小 / 万元
建大型仓库	90	0
建中型仓库	50	40
建小型仓库	30	60
决策	max（90，50，30）=90	min（0，40，60）=0

从表 7-2 中可以看出，收益值最大和损失值最小对应的决策结果都是建造大型仓库。

最大可能法有着十分广泛的应用范围，特别是当某一自然状态的概率非常突出，比其他状态的概率大很多的时候，这种方法的决策效果是比较理想的。但是当自然状态发生的概率都很接近且变化不明显时，采用这种方法，效果就不理想，甚至会产生严重的错误。

二、期望值准则法

期望值准则法是将每个方案都看成离散型随机变量，随机变量的取值是每个方案在不同自然状态下的损益值，其概率等于自然状态的概率，从而可以计算出每个方案的期望值，来进行各方案的取舍。这里所说的期望值就是概率论中离散型随机变量的数学期望，即

$$E_i=\sum_{j=1}^{m}x_{ij}P_j\left(S_j\right) \tag{7-1}$$

式中，E_i——第 i 个方案的损益值；

x_{ij}——第 i 个方案在自然状态 S_j 下的损益值；

P_j——自然状态 S_j 出现的概率。

如果决策目标是效益最大，则采取期望值最大的备选方案；如果损益矩阵的元素是损失值，而且决策目标是使损失最小，则应选定期望值最小的备选方案。

（一）**决策表法**

决策表法的决策过程是：先按各行计算各状态下的损益值与概率值乘积之和，得到期望值；比较各行的期望值，根据期望值的大小和决策目标，选出最优者，对应的方案就是决策方案。

利用决策表法对本节修建仓库案例所提出的问题进行决策，见表 7-3。

表 7-3　建仓库的决策

万元

方案	状态			期望收益值
	货物量大（0.5）	货物量中（0.3）	货物量少（0.2）	$E_i=\sum_{j=1}^{m}x_{ij}P_j\left(S_j\right)$
建大型仓库	90	40	20	E_1= 0.5×90+0.3×40+0.2×20=61
建中型仓库	50	70	40	E_2= 0.5×50+0.3×70+0.2×40=54
建小型仓库	30	50	60	E_3= 0.5×30+0.3×50+0.2×60=42

得 max{61，54，42}=61，决策结果是建大型仓库，期望收益值为 61 万元。

下面再通过两个例子来看看决策表法的具体应用。

例题 7-1：某物流企业在组织运输时，由气象部门得到天气预报状况：0.2

的概率为晴天，0.5 的概率为多云，0.3 的概率为小雨。现该物流企业准备了三套配送方案：甲、乙和丙。三种方案在三种天气状况下所对应的损益矩阵见表 7-4。

表 7-4　损益矩阵

万元

方案	损益值		
	晴天（0.2）	多云（0.5）	小雨（0.3）
甲	160	-30	-50
乙	20	80	100
丙	70	100	60

解：按 $E_i=\sum_{j=1}^{m}x_{ij}P_j\left(S_j\right)$ 计算出各方案的期望值，见表 7-5。

表 7-5　配送的决策

万元

方案	损益值			期望收益值
	晴天（0.2）	多云（0.5）	小雨（0.3）	
甲	160	-30	-50	E_1=160×0.2+（-30）×0.5+（-50）×0.3=2
乙	20	80	100	E_2=20×0.2+80×0.5+100×0.3=74
丙	70	100	60	E_3=70×0.2+100×0.5+60×0.3=82

得 max{2，74，82}=82，对应于丙方案，故选丙方案为决策方案。

例题 7-2：某企业生产的是季节性产品，销售期为 90 天，产品每台售价 1.8 万元，成本 1.5 万元，利润 0.3 万元。但是，如果每天增加一台存货，则损失 0.1 万元。预测的销售量及相应发生的概率见表 7-6。

问：企业应怎样安排日产量计划才能获得最大利润？

表 7-6 各种日销售量的概率

日销售量 / 台	完成该销售量的天数 / 天	相应概率
200	20	0.1
220	35	0.4
240	25	0.3
270	10	0.2
合计	90	1.0

解：根据表 7-6 中预测的日销售量，企业生产计划的可行方案为日产 200 台、220 台、240 台、270 台。由表 7-6 中的数据可计算出每种方案的损益值和预计利润。

关于损益值的计算方法，以日产 220 台为例：

当日销售量为 200 台时，损益值 $=0.3\times200-0.1\times20=58$（万元）。

当日销售量为 220 台时，损益值 $=0.3\times220=66$（万元）。

当日销售量为 240 台和 270 台时，损益值 $=0.3\times220=66$（万元）。

预计利润 $=58\times0.1+66\times0.4+66\times0.3+66\times0.2=65.2$（万元）。

依此方法，可以计算出日产 200 台、240 台、270 台的各个损益值，并计算出各产量的预计利润，把这些数据填入决策损益表中，见表 7-7。

表 7-7 日生产的决策

万元

日产量 / 台	日销售量 / 台				预计利润
	200（0.1）	220（0.4）	240（0.3）	270（0.2）	
200	60	60	60	60	60
220	58	66	66	66	65.2
240	56	64	72	72	67.2
270	53	61	69	81	66.6

从表 7-7 中可知，日产 240 台时，预计利润最大，为 67.2 万元。所以，决策的最优方案为日产 240 台。

（二）决策树法

决策树法是风险型决策最常用的一种方法，它将决策问题按从属关系分为几个等级，用决策树形象地表示出来。通过决策树能统观整个决策过程，从而对决策方案进行全面的计算、分析和比较。决策树法既可以解决单阶段的决策问题，还可以解决决策表无法表达的多阶段序列决策问题。在管理上，这种方法多用于较复杂问题的决策。

图 7-2 所示为决策树的结构。决策点在图中以方块表示，决策者必须在决策点处进行最优方案的选择。从决策点引出的若干条线代表若干个方案，称为方案枝。方案枝末端的圆圈叫作自然状态点，从它引出的线条代表不同的自然状态，叫作概率枝。概率枝末端的三角形叫作结果点。

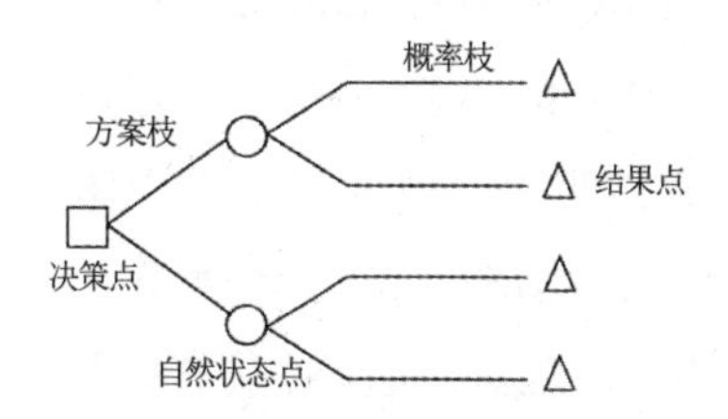

图 7-2　决策树的结构

运用决策树法的关键步骤如下：

第一步，画出决策树。画出决策树的过程也就是对未来可能发生的各种事件进行周密思考、预测的过程，把这些情况用树状图表示出来。

第二步，由专家估计法或用试验数据推算出概率值，并把值写在概率枝的位置上。

第三步，计算损益期望值。由树梢开始由从右向左的顺序进行，用期望值法计算，若决策目标是盈利，则比较各分枝，取期望值最大的分枝，并对其他分枝进行修剪。

决策树法进行决策分析，可分为单阶段决策和多阶段决策两类。

1. 单阶段决策

例题 7-3 ：用决策树法对本节修建仓库案例所提出的问题进行决策。建立的决策树如图 7-3 所示。

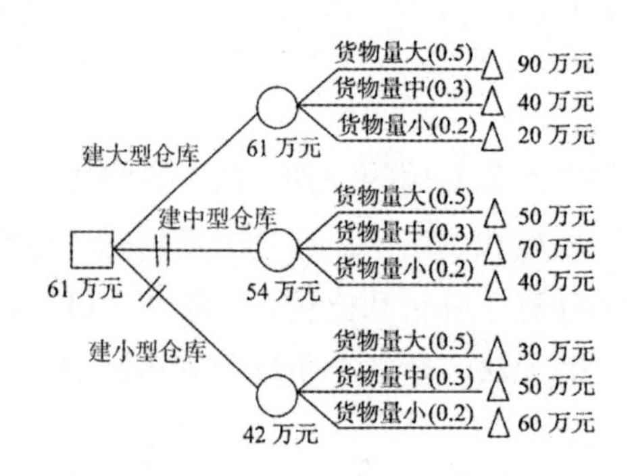

图 7-3 修建仓库的决策树

解：各点的期望收益值计算如下：

建大型仓库：0.5 × 90+0.3 × 40+0.2 × 20=61（万元）。

建中型仓库：0.5 × 50+0.3 × 70+0.2 × 40=54（万元）。

建小型仓库：0.5 × 30+0.3 × 50+0.2 × 60=42（万元）。

比较不同方案的期望收益值，得到决策结果为建大型仓库，收益值为 61 万元，并在图 7-3 中剪去期望收益值较小的方案分枝。

例题 7-4：某企业欲投资手机行业，目前有两种方案可供选择：一种方案是建设大工厂，另一种方案是建设小工厂，两者的使用期都是 8 年。建设大工厂需要投资 500 万元，建设小工厂需要投资 260 万元。两种方案的每年损益值及自然状态的概率见表 7-8。试应用决策树法评选出合理的决策方案。

表 7-8 建设工厂的方案对比

概率	自然状态	建设大工厂年损益值 / 万元	建设小工厂年损益值 / 万元
0.7	销路好	200	80
0.3	销路差	−40	60

画出本问题的决策树，如图 7-4 所示。

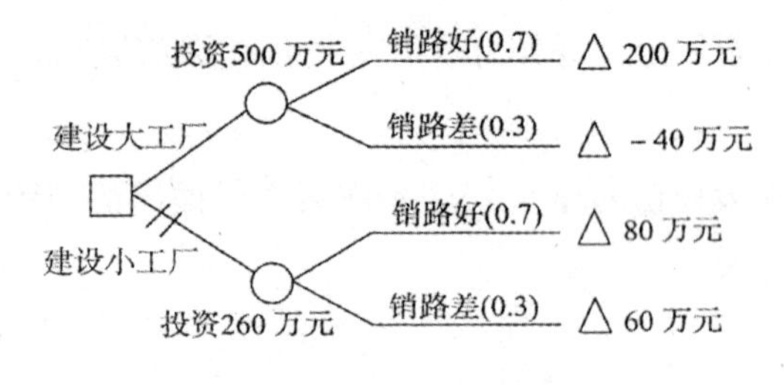

图 7-4 决策树

解：各点的期望收益值计算如下：

建设大工厂：0.7×200×8+0.3×（−40）×8−500=524（万元）；

建设小工厂：0.7×80×8+0.3×60×8−260=332（万元）。

比较不同方案的期望收益值，得到决策结果为建设大工厂，损益值为 524 万元，并在图 7-4 中剪去期望收益值较小的方案分枝。

例题 7-5：为了适应市场需求，某企业提出未来三年扩大生产规模的三种方案：新建一条生产线，需要投资 100 万元；扩建原生产线，需要投资 70 万元；收购现存生产线，需要投资 40 万元。三种方案在不同自然状态下的年损益值见表 7-9。试应用决策树法评选出合理的决策方案。

表 7-9　三种方案的对比

万元

可行方案	损益值		
	高需求（0.2）	中等需求（0.5）	低需求（0.3）
新建生产线	200	80	0
扩建原生产线	110	70	10
收购现存生产线	90	30	20

解：根据已知条件绘制决策树，并把各种方案概率枝上的收益值相加，填入相应的状态点上，如图 7-5 所示。

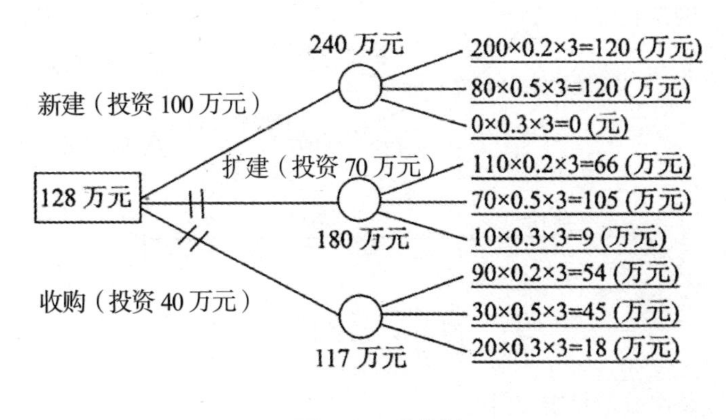

图 7-5　决策树

比较三种方案在三年内的净收益值。

新建生产线：240 － 100=140（万元）。

扩建原生产线：180 － 70=110（万元）。

收购现存生产线：117 － 40=77（万元）。

如果以最大净收益值作为评价标准，应选择新建生产线的方案，净收益值为 140 万元，其余两种方案枝应剪去。

2. 多阶段决策

很多实际决策问题需要决策者进行多次决策，这些决策按先后次序分为几个阶段，后一阶段的决策内容依赖于前一阶段的决策结果及前一阶段决策后所出现的状态。在进行前一阶段决策时，也必须考虑到后一阶段的决策情况，这类问题称为多阶段决策问题。

下面用一个两阶段决策问题的例子来说明决策树在多阶段决策中的应用。

例题 7-6：在例题 7-4 中，增加一个考虑方案，即先建设小工厂。若销路好，3 年以后再扩建。根据计算，扩建需要投资 300 万元，可使用 5 年，每年盈利 190 万元。那么这个方案与前两个方案比较，优劣如何？

解：这个问题可分前3年和后5年两期来考虑，画出决策树，如图 7-6所示。

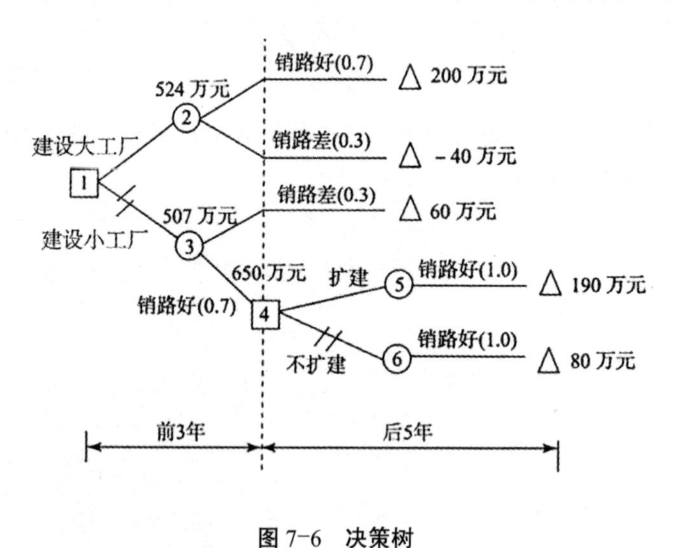

图 7-6　决策树

各点的期望收益值计算如下：

点②：$0.7\times200\times8+0.3\times(-40)\times8-500=524$（万元）。

点⑤：$1.0\times190\times5-300=650$（万元）。

点⑥：1.0 × 80 × 5=400（万元）。

点⑤（650 万元）与点⑥（400 万元）相比，点⑤的期望收益值较大，所以应采用扩建的方案，而舍弃不扩建的方案，然后可以计算出点③的期望收益值。

点③：0.7 × 80 × 3+0.7 × 650+0.3 × 60 × 8−260 = 507（万元）。

点③（507 万元）与点②（524 万元）相比，点②的期望收益值较大，取点②而舍点③。这样，相比之下，建设大工厂的方案是最优方案。

例题 7−7 ：本节修建仓库案例中所涉及的问题属于多阶段决策问题，可运用决策树法进行分析。按题意可绘出决策树，如图 7−7 所示。

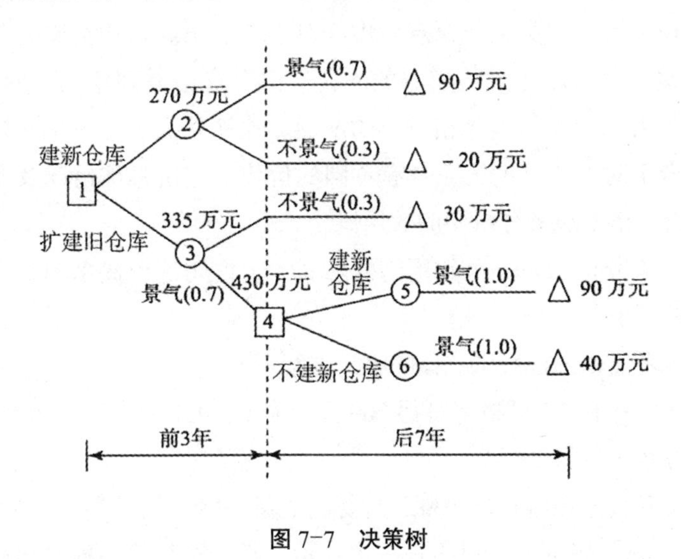

图 7−7 决策树

解：决策分析由右向左进行，计算状态结点⑤和⑥的期望收益值。

结点⑤：1.0 × 90 × 7−200=430（万元）。

结点⑥：1.0 × 40 × 7=280（万元）。

比较结点⑤和结点⑥的期望收益值可知，结点⑤的期望收益值较大，所以第二阶段决策应采取投资 200 万元建新仓库的方案。

第一阶段决策涉及结点②和结点③的期望收益值。

结点②：0.7 × 90 × 10−0.3 × 20 × 10−300=270（万元）。

结点③：0.7 × 430+0.7 × 40 × 3+0.3 × 30 × 10−140=335（万元）。

对比三种方案，应选择先扩建旧仓库。经 3 年后，仓储业景气时再投资 200 万元建新仓库，再经营 7 年。这种方案在 10 年间共计获得期望收益 335 万元。

第三节 效用决策

一、效用和效用值

期望值准则法在风险型决策中得到了广泛应用。但在某些情况下，决策者并不采用这个决策法，如购买保险、购买奖券等。一位经理在考虑本单位是否参与保险时，按期望值计算得到的受灾损失比所付出的保险金额要小。但为了避免可能出现更大的损失，他愿意付出相对小的支出。在购买奖券时，按期望值计算的得奖金额要小于购买奖券的支付，但有机会得到相当大的一笔奖金，所以会有很多人愿意支付这笔相对小的金额。这样就提出了一个问题：货币量在不同的场合下对于不同的人，具有不同的价值。这由具体情况及个人的地位所决定，这就引出了决策分析中的效用概念。

效用在决策分析中是一个常用的概念。为了说明这个概念的意义，下面引入一个具体的例子。

假设决策者面临两种可供选择的收入方案：

第一种方案：有 0.5 的概率可得 200 元，有 0.5 的概率损失 100 元。

第二种方案：可得 25 元。

那么决策者会采取哪种方案呢？计算得到第一种方案的期望值为 50 元，显然比第二种方案的 25 元多，是否任一个决策者都会选择第一种方案呢？回答是否定的，不同的人肯定会给予不同的答案。例如，对于甲决策者而言，他若选择第二种方案，肯定会得到 25 元的收入；对于乙决策者而言，他若选择第一种方案，能碰运气得 200 元的收入。如果将第二种方案改为付出 10 元，第一种方案不变，还是让甲决策者选择。这时，他可能会选择第一种方案，与其付出 10 元，倒不如有机会拿 200 元。

这就说明，在决策过程中，决策者要依据自己的价值准则进行决策。期望值只是客观地反映了平均水平，而不能反映决策者的主观意志。为了在决策中反映决策者的主观意志，就应采用效用决策。

决策者根据自己的性格特点、决策时的环境、对未来的展望、决策对象的性质等因素，对损失与收益有其独特的感觉和反应，这种感觉和反应称为效用。通过效用去衡量人们对同一货币值在主观上的价值，就叫作效用值。效用值仅是个相对数值，其大小只表示决策者主观因素的强弱。用效用值的大小来表示人们对风险的态度、对某事物的偏好等主观因素是比较合理的。通过效用这个指标可将某些难以量化的、有质的差别的事物给予量化。如某人面临多种工作方案选择时，要考虑工作地点、工作性质、单位福利等因素，此时可将考虑的因素都折合为效用值，从而得到各方案的综合效用值，然后根据这些综合效用值来进行决策。

二、效用曲线

效用曲线是用来反映决策结果的损益值与对决策者的效用（损益值与效用值）之间的关系的曲线。通常以损益值为横坐标，以效用值为纵坐标，把决策者对风险态度的变化在坐标系中描点而拟合成一条曲线。

下面通过一个例题来了解效用曲线的绘制过程。

例题 7-8：如图 7-8 所示，某决策问题有两种方案。

问：决策者愿意选择哪种方案？

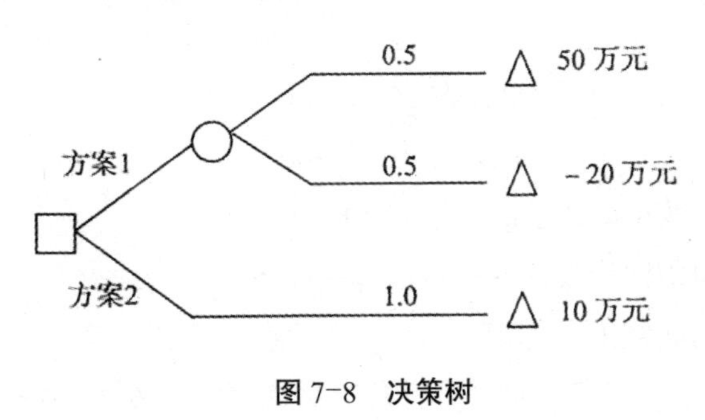

图 7-8　决策树

解：由题意可知：最大损益值为 50 万元，最小损益值为 -20 万元。规定 50 万元的效用值为 1、-20 万元的效用值为 0。用符号 $U(m)$ 表示效用值，则有 $U(50)=1,U(-20)=0$。于是，在坐标平面上就得到效用曲线的两个点（50,1.0）与（-20，0），如图 7-9 所示。

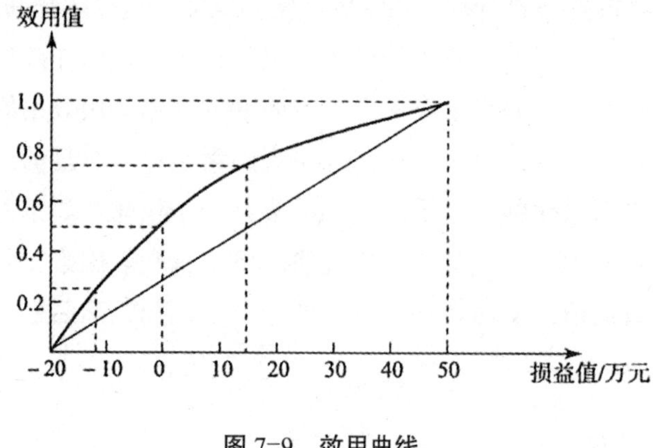

图 7-9　效用曲线

然后向决策者提问，了解他对方案优劣的判断情况，以确定不同损益值对应的效用值，其过程如下：

（1）将两方案比较。若决策者选择稳得 10 万元的方案 2，则说明方案 2 的效用值大于方案 1 的效用值。将方案 2 由肯定得 10 万元降为肯定得 5 万元，决策者仍选择方案 2，说明方案 2 的效用值仍大于方案 1 的效用值。当方案 2 由肯定得 10 万元降为 0 元时，决策者认为两方案相当，说明此时两方案有相同的效用值，即

$$U(0)=0.5\times U(50)+0.5\times U(-20)$$
$$=0.5\times 1+0.5\times 0=0.5$$

便得图 7-9 中效用曲线上的一个点（0，0.5）。

（2）利用已知条件分段，逐步找出效用曲线上的其他点。

首先确定效用曲线上效用值为 0.5 ～ 1 的点。现在以 0.5 的概率得 50 万元、0.5 的概率得零元作为方案 1 向决策者第二次提问，重复上述过程。若决策者认为，当方案 2 由肯定得 10 万元变为肯定得 15 万元就与方案 1 相当，则说明两方案有相同的效用值，即

$$U(15)=0.5\times U(50)+0.5\times U(0)$$
$$=0.5\times 1+0.5\times 0.5$$
$$=0.75$$

于是，收益为 15 万元的效用值是 0.75，又求得效用曲线上的一个点（15，0.75），如图 7-9 所示。

（3）以 0.5 的概率收益 50 万元、0.5 的概率损失 20 万元为方案 1，向决策

者第三次提问。若决策者认为，当方案 2 由肯定得 10 万元变为损失 12 万元就与方案 1 相当，则说明两方案有相同的效用值，即

$$
\begin{aligned}
U(-12) &= 0.5 \times U(0) + 0.5 \times U(-20) \\
&= 0.5 \times 0.5 + 0.5 \times 0 \\
&= 0.25
\end{aligned}
$$

这样，又得到图 7-9 中效用曲线上的一个点（-12，0.25）。

用上述方法还可以求得一些点，将它们连接起来，就得到如图 7-9 所示的效用曲线。

效用曲线一般分为保守型、中间型和冒险型三种类型，如图 7-10 所示。

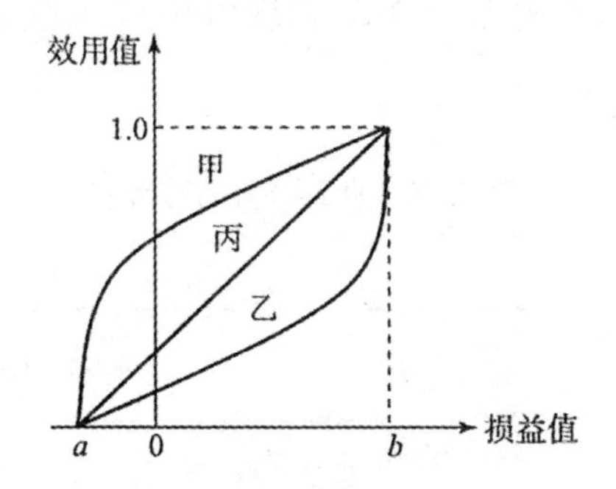

图 7-10　效用曲线的分类

图 7-10 中，甲代表的是保守型效用曲线，其特点是对肯定能够得到的某个收益值的效用大于具有风险的相同收益值的效用。这种类型的决策者对损失比较敏感，对利益反应迟缓，是一种避免风险、不求大利、小心谨慎的决策人。

乙代表的是冒险型效用曲线。这种类型的决策者的特点与保守型的决策者相反，他们对利益比较敏感，对损失反应迟钝，是一种谋求大利、敢于承担风险的冒险型决策人。

丙代表的是中间型效用曲线。中间型决策人认为，收益值的增长与效益值的增长成正比关系，他们是一种只会循规蹈矩、完全按照期望值的大小来选择决策方案的人。

大量实践证明，大多数决策者属于保守型，其余两种类型的决策者仅占少数。

三、效用曲线的应用

可以根据决策者的效用曲线，把效用作为一个相对尺度，将目标值转化为效用值，计算各方案的可能结果的期望效用，并以最大的期望效用作为方案的优选原则。

例题 7-9：某公司为一项新产品的投产准备了两种方案：一种是生产 A 产品，需要投资 6 万元；另一种是生产 B 产品，需要投资 20 万元。据市场预测，10 年内两产品销路好的概率为 0.7，销路差的概率为 0.3。相应的年度损益值见表 7-10。

问：决策者愿意采用哪种方案？利用效用曲线对此例提出的问题进行决策。

表 7-10　两种方案的对比

万元

方案	年度损益值	
	销路好（0.7）	销路差（0.3）
A 产品	6	3
B 产品	15	−2

解：画出决策树，如图 7-11 所示。

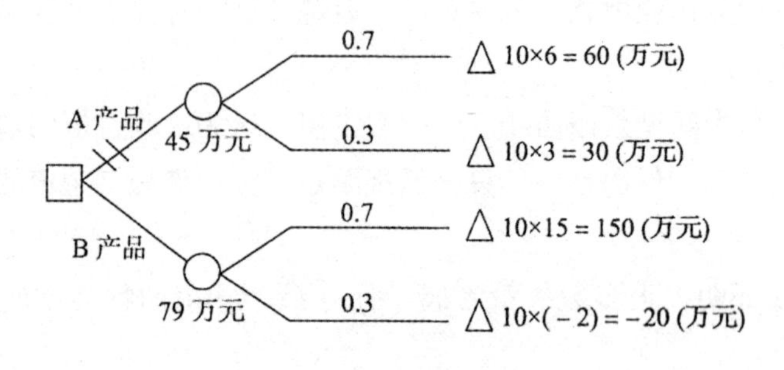

图 7-11　决策树 1

投产 A 产品 10 年的期望收益值：10×（6×0.7+3×0.3）−6=45（万元）。

投产 B 产品 10 年的期望收益值：10×[15×0.7+（−2）×0.3]−20=79（万元）。

以期望收益值为决策标准，则投产 B 产品为最佳方案。

下面按效用值进行决策：

投产 A 产品，肯定销路好，其收益值为 10×6−6=54（万元）；肯定销路差，其收益值为 10×3−6=24（万元）。投产 B 产品，肯定销路好，其收益值为 10×15−20=130（万元）；肯定销路差，其收益值为 10×（−2）−20=−40（万元）。取 130 万元的效用值为 1，−40 万元的效用值为 0，即

$$U(130)=1,\ U(-40)=0$$

向决策者提问，了解其心理倾向，找出与一定损益值相对应的效用值，画出效用曲线，如图 7−12 所示。

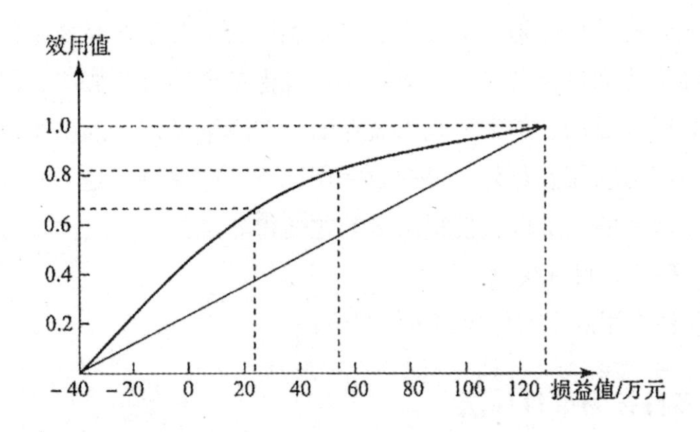

图 7−12　效用曲线

在图 7−12 中查出 24 万元的效用值为 0.66，54 万元的效用值为 0.82。根据以上数据绘制决策树，如图 7−13 所示。

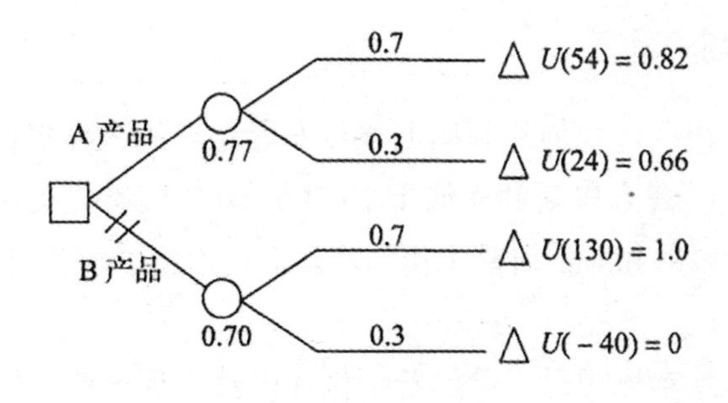

图 7−13　决策树 2

投产 A 产品的效用值：$0.7 \times 0.82+0.3 \times 0.66=0.772$。

投产 B 产品的效用值：$0.7 \times 1+0.3 \times 0=0.7$。

由此可见，若以效用值为决策标准，则投产 A 产品为最佳方案。显然，该决策者属于稳妥型，他不想冒险去获取较大的收益。

第四节　多目标决策

前文讨论的决策问题都只有一个决策目标，称为单目标决策。而在现实生活中，决策主体的需求是丰富多样的。因此，在决策时总是面临着多个目标，也就是说需要用一个以上的标准去判断决策方案的优劣。例如，在企业的生产活动中，企业既要尽可能地降低成本、增加利润，又要生产高质量的产品；政府在对宏观经济活动进行调控时，既要尽可能保持低通货膨胀率、维持物价稳定，又要刺激经济活动、扩大劳动力就业面。在决策者追求的多个目标中，有些是一致的，即可以相互替代。但在更多情况下，这些目标是不一致的，甚至是相互矛盾、冲突的，所以就使得决策问题变得非常复杂。这类具有多个目标的决策问题，称为多目标决策。

现介绍几种常用的多目标决策的定量方法。

一、化多目标为单目标法

在多目标决策问题中求出满足全部目标的解且使其都为最优的是比较困难的。然而，利用一些数学方法，经过一定的处理，变多目标决策问题为单目标决策问题，就可利用处理单目标最优化问题的方法去解决。

（一）目标规划法

目标规划法是在线性规划的基础上逐步发展起来的一种多目标规划方法。这一方法是由美国学者查恩斯和库伯于 20 世纪 60 年代首先提出来的。后来，查斯基莱恩等在查恩斯和库伯研究工作的基础上，给出了求解目标规划问题的一般性方法。

目标规划法的基本思想是：给定若干目标以及实现这些目标的优先顺序，在有限的资源条件下，使总的偏离目标值的差最小。

1. 偏差变量

在目标规划数学模型中，除了决策变量外，还需要引入正、负偏差变量。其中，正偏差变量记作 $d_i^+ \geqslant 0$，表示决策值超过目标值的部分；负偏差变量记作 $d_i^- \geqslant 0$，表示决策值未达到目标值的部分。决策值不可能既超过目标值又未达到目标值。

2. 绝对约束和目标约束

绝对约束指必须严格满足的等式约束和不等式约束。目标约束是目标规划所特有的。可以将约束方程的右端项看作追求的目标值，在达到此目标值时允许发生正或负偏差。所以，在约束条件中加入正、负偏差变量，就可将其变换为目标约束。

3. 优先因子和权系数

一个规划问题常常有若干个目标，决策者对这些目标的考虑是有主次或轻重缓急之分的。凡要求第一位达到的目标被赋予优先因子 P_1，次位达到的目标被赋予优先因子 P_2，…，并规定 $P_1 >> P_2 >> \cdots >> P_k (k = 1,2,\cdots, k)$。$P_1 >> P_2$ 表示 P_1 级与 P_2 级相比有至高无上的权力，只有在 P_1 级满足时，才考虑 P_2 级，依次类推。

若要区别具有相同优先因子 P_k 的目标，则可分别赋予它们不同的权系数，这些都由决策者视具体情况而定。

4. 目标规划的目标函数

目标规划的目标函数是由各目标约束的正、负偏差变量和赋予相应的优先因子而构成的。当每一个目标值确定后，决策者的要求是尽可能地降低偏离目标值的程度。因此，目标规划的目标函数只能为

$$\min Z = f\left(d^-, d^+\right) \tag{7-2}$$

要求恰好达到目标值，即正、负偏差变量都要尽可能地小，这时有

$$\min Z = f\left(d^- + d^+\right) \tag{7-3}$$

要求不超过目标值，即允许达不到目标值，也就是正偏差变量要尽可能地小，这时有

$$\min Z = f\left(d^{+}\right) \tag{7-4}$$

要求超过目标值，即超过量不限，但必须使负偏差变量尽可能地小，这时有

$$\min Z = f\left(d^{-}\right) \tag{7-5}$$

对于每一个具体的目标规划问题，可根据决策者的要求和赋予各目标的优先因子来构造目标函数。

5. 目标规划的数学模型

目标规划的一般性数学模型如下：

$$\min Z = \sum_{k=1}^{k}\left[P_k \sum_{l=1}^{l}\left(w_{k-1}^{-} d_l^{-} + w_k^{+} d_l^{-}\right)\right]$$

$$\text{s. t.}\begin{cases}\sum\limits_{j=1}^{n} a_{ij}x_j \leqslant (\geqslant \text{ 或 } =) b_i，\ i=1,2,\cdots，\ m & (\text{绝对约束})\\ \sum\limits_{j=1}^{n} c_{ij}x_j + d_l - d_l^{+} = g_l，\ l=1,2,\cdots，\ l & (\text{目标约束})\\ x_j \geqslant 0，\ d_l，\ d_l^{+} \geqslant 0，\ j=1,2,\cdots，\ n;\ l=1,2,\cdots，\ l & (\text{非负约束})\end{cases}$$

下面通过一个例题来说明如何建立目标规划数学模型。

例题 7-10：某厂生产 A 与 B 两种产品，生产一件所需的劳动力分别为 4 个人工和 6 个人工，所需设备的单位机器台时均为 1。已知该厂有 10 个单位机器台时提供制造这两种产品，并且至少能提供 70 个人工。产品 A 与 B 的利润分别为每件 300 元和每件 500 元。假定以目标利润不少于 15000 元为第一目标，占用的人力以少于 70 人为第二目标。

问：该厂应生产产品 A 与 B 各多少件才能使利润最大?

解：设该厂生产产品 A 与 B 的数量分别为 x_1 件和 x_2 件，按决策者的要求赋予两个目标的优先因子分别为 P_1 和 P_2，则该问题的目标规划数学模型为

$$\min Z = P_1 d_1^{-} + P_2 d_2^{+}$$

$$\text{s. t.}\begin{cases}300x_1 + 500x_2 + d_1 - d_1^{+} = 15000\\ 4x_1 + 6x_2 + d_2 - d_2^{+} = 70\\ x_1 + x_2 \leqslant 10\\ x_1，\ x_2，\ d_i^{+}，\ d_i \geqslant 0，\ i=1,2\end{cases}$$

解题过程略。

（二）线性加权法

当 n 个目标函数 $f_1(x)$，$f_2(x),\cdots$，$f_n(x)$ 都要求最小（或最大）时，可以给每个目标函数以相应的权系数 λ_i，以表示各个目标在多目标决策中的相对重要性，从而构成一个新的目标函数 $U(x)$，即

$$U(x)=\sum_{i=1}^{n}\lambda_i f_i(x)$$

权系数 λ_i 的确定直接影响决策的结果。因此，λ_i 要依据充分的经验或用统计调查的方法得出。常用的方法是：请一批有经验的人对如何选择权系数 λ_i 发表意见，然后用统计方法对 λ_i 的平均值进行估算

$$\lambda_i=\frac{1}{n}\sum_{j=1}^{n}\lambda_{ji}\quad j=1,2,\cdots,n$$

式中，λ_{ji} 是第 j 个人对 λ_i 的估算值，共有 n 个人。

算出平均值后，再让这些人对平均值 λ_i 发表意见，进一步进行新的估算。经过几次估算后，便得到权系数 λ_i。

（三）数学规划法

设有 n 个目标函数 $f_1(x),f_2(x),\cdots,f_n(x)$，如果其中某个目标函数比较关键，如希望 $f_1(x)$ 取得极大值，那么就以 $f_1(x)$ 为新的目标函数，保证其达到最优，而使其他的所有目标函数满足条件：

$$f_i'\leqslant f_i(x)\leqslant f_i',i=2,3,\cdots,n$$

这样，就把多目标决策问题转化为以下的单目标决策问题：

$$\begin{aligned}&\max f_1(x)\\&\text{s. t.}\,f_i'\leqslant f_i(x)\leqslant f_i'',i=2,3,\cdots,n\end{aligned}\tag{7-9}$$

例题 7-11：某建筑公司以产值、成本、劳动生产率、能源消耗水平作为评价指标。在评价时，可以把该问题转化成以产值为主要指标、对其他指标都给予一定限制的决策问题，从而得到数学规划模型：

$$\max f_1(x)\ \text{产值最高}$$

$$\text{s. t.}\begin{cases} f_2(x)\leqslant b_1,\text{成本小于规定值} \\ f_3(x)\geqslant b_2,\text{劳动生产率高于一定值} \\ f_4(x)\leqslant b_3,\text{能源消耗低于一定水平} \\ \cdots\cdots \\ \boldsymbol{AX}=\boldsymbol{b}\text{原问题约束} \end{cases}$$

求解后就可以得到一个比较理想的决策。

（四）乘除法

通常情况下，系统目标函数 $f_1(x), f_2(x), \cdots, f_n(x)$ 可分为两大类：一类是费用型目标函数，如成本、费用等，这一类目标要求越小越好；另一类是效果型目标函数，如利润、产值等，这一类目标要求越大越好。从经济效益最大的角度去研究，应以最小的费用得到最大的效果作为评价系统的主要指标。

在 $f_1(x), f_2(x), \cdots, f_n(x)$ 这 n 个目标函数中，设有 k 个目标函数 $f_1(x), f_2(x), \cdots, f_k(x)$ 要求越小越好，而另外（$n-k$）个目标 $f_{k+1}(x), \cdots, f_n(x)$ 则要求越大越好，并假定对于任意 $x\in\boldsymbol{R}$ 有 $f_1(x)>0, f_2(x)>0, \cdots, f_n(x)>0$，这时可构成一个新的目标函数：

$$U(x)=\frac{f_1(x)f_2(x)\cdots f_k(x)}{f_{k+1}(x)f_{k+2}(x)\cdots f_n(x)}$$

然后求其极小值，即

$$\min_{x\in\boldsymbol{R}}(x)=\min_{x\in\boldsymbol{R}}\frac{f_1(x)f_2(x)\cdots f_k(x)}{f_{k+1}(x)f_{k+2}(x)\cdots f_n(x)}$$

可得多目标决策问题的满意解。

二、目标分层法

在多目标决策问题中，每个目标的重要性是不同的，在处理多目标决策问题的时候，首先要分清各目标的重要性。目标重要性的划分会随着问题的不同而有所不同，如有的企业以产量为主要目标，有的企业以成本为主要目标，等等。有时候，目标重要性的划分要由一定历史时期的一定任务而确定。但无论怎样，各目标总可根据其重要性的不同而划分成不同的层次。因此，根据目标可划分层次的特点，得到一种解决多目标决策问题的方法，叫作目标分层法。

目标分层法的主要思想是：把所有的目标按重要性的顺序排列起来，然后求出第一位重要目标的最优解集合 R_1，在此集合中再求第二位重要目标的最优解集合 R_2，……，依次做下去，直到把全部目标的最优解求完为止，则满足最后一个目标的最优解就是该多目标决策问题的解。

这种思想的数学语言表述如下：

设已按重要性排好顺序的目标函数为 $f_1(x), f_2(x), \cdots, f_n(x)$，则可按

$$
\begin{aligned}
& f_1\left(x^1\right) = \min f_1(x), x \in R_0 \\
& f_2\left(x^2\right) = \min f_2(x), x \in R_1 \\
& R_1 = \left\{x \mid f_1\left(x^1\right) = \min f_1(x)\right\}, x \in R_0 \\
& \cdots\cdots \\
& f_n\left(x^n\right) = \min f_n(x), x \in R_{n-1} \\
& R_i = \left\{x \mid f_i\left(x^i\right) = \min f_i(x)\right\}, x \in R_{i-1}, i = 1, 2, \cdots, n
\end{aligned}
\tag{7-12}
$$

求出满足 $f_n\left(x^n\right) = \min f_n(x)$ 的解，即多目标决策问题 $f_i(x)(i = 1, 2, \cdots, n)$ 的解。

这种方法的几何解释如图 7-14 所示，即第一位重要目标在 R_0 范围内求解后得到 R_1 集合，而第二位重要目标在 R_1 集合中求解后得到 R_2 集合，……，依次类推，最后收缩到中间的最优解集合。由此可见，R_n 是对所有目标都基本可以满足的解，即该多目标决策问题的解。

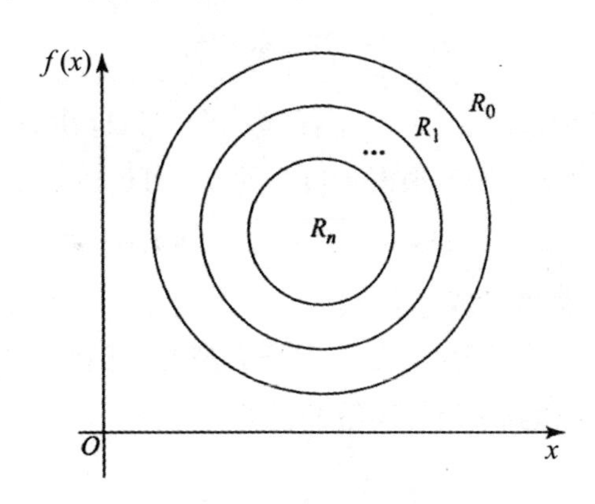

图 7-14　目标分层法

采用这种方法时，如果出现前面目标的解集 R_i 是一个点集或空集，那么后面的目标就无法在其中求解，因此，不能应用此方法。为了适应这种情况，在数学上采用了“宽容”的方法。所谓“宽容”的方法就是将 R_i 在适当的范围内加以“宽容”，即把 R_i 的范围适当扩大，使 R_i 由点集或空集变成一个小的“大

范围”，然后在这个范围内求得目标的解集。

三、功效系数法

每个目标都具有自己所特有的特征。有的目标要求越大越好，如劳动生产率指标；有的目标要求越小越好，如成本指标；有的目标要求适中为佳，如可靠性指标。如果目标的特征用其特性曲线来表示，并引入功效系数的概念，则可方便地将多目标决策问题转化为单目标决策问题。

功效系数一般以 d 表示，它是表示目标满足程度的参数。当 d=1 时，表示对目标最满意；当 $d=0$ 时，表示对目标最不满意。一般情况下，$0\leqslant d\leqslant 1$ 。按上述说法可得到不同目标函数和功效系数之间的变化关系，如图 7-15 所示。

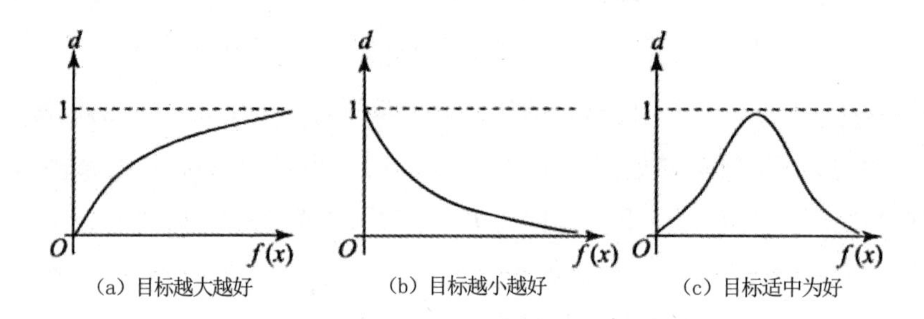

图 7-15　功效系数法

已知目标的这种特性曲线后，对于任何一个多目标决策问题，当给定一组 x，即可得到一组相应的 d，然后根据各目标的 d，可构成一个评价函数：

$$\max D=\sqrt[P]{d_1 d_2 \cdots d_P}=D(x)$$

式中，P 为目标种类数（或个数）。

作为一个综合的目标 D，总是要求它越大越好。因此，逐步调整变量，则可使 D 达到最大，从而达到多目标决策的目的。

第八章　运输问题的特殊解法

第一节　运输问题的特性

一、产销平衡运输问题的数学模型

设某种物资有 m 个产地 $A_1,A_2,\cdots,A_m$，产量分别为 $a_1,a_2,\cdots,a_m$ 个单位；有 n 个销地 B_1，B_2，…，B_n，销量分别为 b_1，b_2，…，b_n 个单位，又假定产销是平衡的，即

$$\sum_{i=1}^{m} a_i = \sum_{j=1}^{n} b_j$$

另外，由产地 A_i 到销地 B_j 的单位物资运价 c_{ij} 是已知的。试设计调运方案，使总运费最少。

设由产地 A_i 运往销地 B_j 的物资为 x_{ij} 个单位，则该运输问题的数学模型为：

求 $x_{ij}(i=1,2,\cdots,m;j=1,2,\cdots,n)$ 满足约束条件

$$\begin{cases} \sum_{j=1}^{n} x_{ij} = a_i, i=1,2,\cdots,m \\ \sum_{i=1}^{m} x_{ij} = b_j, j=1,2,\cdots,n \\ x_{ij} \geqslant 0, i=1,2,\cdots,m; j=1,2,\cdots,n \end{cases} \tag{8-1}$$

并且使 $s=\sum_{i=1}^{m}\sum_{j=1}^{n} c_{ij}x_{ij}$ 达到最小。

式（8-1）的矩阵形式为

$$\min s = \boldsymbol{cx}$$
$$\begin{cases}\boldsymbol{Ax} = \boldsymbol{b} \\ \boldsymbol{x} > \boldsymbol{0}\end{cases},$$

式中

$$\boldsymbol{c} = \left(c_{11}, c_{12}, \cdots, c_{1n}, c_{21}, c_{22}, \cdots, c_{2n}, \cdots, c_{m1}, c_{m2}, \cdots, c_{mn}\right)$$
$$\boldsymbol{b} = \left(a_1, a_2, \cdots, a_m, b_1, b_2, \cdots, b_n\right)^{\mathrm{T}}$$
$$\boldsymbol{x} = \left(x_{11}, x_{12}, \cdots, x_{1n}, x_{21}, x_{22}, \cdots, x_{2n}, \cdots, x_{m1}, x_{m2}, \cdots, x_{mn}\right)^{\mathrm{T}}$$

$$\boldsymbol{A} = \begin{pmatrix} 1 & 1 & \cdots & 1 & & & & & & & & \\ & & & & 1 & 1 & \cdots & 1 & & & & \\ & & & & & & & & \ddots & & & \\ & & & & & & & & & 1 & 1 & \cdots & 1 \\ 1 & & & & 1 & & & & \cdots & 1 & & \\ & 1 & & & & 1 & & & \cdots & & 1 & \\ & & \ddots & & & & \ddots & & & & & \ddots \\ & & & 1 & & & & 1 & \cdots & & & & 1 \end{pmatrix}$$

二、运输问题的性质

定理 8-1：设$\sum_{i=1}^{m} a_i = \sum_{j=1}^{n} b_j$，则

（1）产销平衡运输问题有可行解，并且有最优解。

（2）式（8-1）中，系数矩阵 $\boldsymbol{A}$ 的秩等于 $m+n-1$。

证明：（1）设$\sum_{i=1}^{m} a_i = \sum_{j=1}^{n} b_j = M$，取

$$x_{ij} = \frac{a_i b_j}{M}, i = 1, 2, \cdots, m; j = 1, 2, \cdots, n,$$

易证 $\left\{x_{ij}\right\}$ 满足式（8-1）中的约束条件，则 $\left\{x_{ij}\right\}$ 是产销平衡运输问题的一个可行解。

又因为 $0 \leqslant x_{ij} \leqslant \min\left\{a_i, b_j\right\}, i = 1, 2, \cdots, m; j = 1, 2, \cdots, n$，说明所有变量都是有界的，因此产销平衡问题存在最优解。

（2）当 m，$n \geqslant 2$ 时，$m+n \leqslant mn$，即系数矩阵 $\boldsymbol{A}$ 的行数小于等于列数。因此，

$\boldsymbol{A}$ 的秩 $\boldsymbol{A} \leqslant m+n$ 。因为式（8-1）中的前 m 个方程之和 $\sum_{i=1}^{m}\sum_{j=1}^{n}x_{ij}=\sum_{i=1}^{m}a_i$ 等于后 n 个方程之和 $\sum_{i=1}^{m}\sum_{j=1}^{n}x_{ij}=\sum_{j=1}^{n}b_j$，所以 $\boldsymbol{A}$ 的行向量线性相关，于是 r（$\boldsymbol{A}$）$<m+n$。

为证明 r（$\boldsymbol{A}$）$=m+n-1$，只需在 $\boldsymbol{A}$ 中找到一个（$m+n-1$）×（$m+n-1$）阶的非奇异子式 D，取 $\boldsymbol{A}$ 的第 2，3，⋯，$m+n$ 行与变量 $x_{11},x_{12},\cdots,x_{1n},x_{21},x_{31},\cdots,x_{m1}$ 的对应列相交的子式为

$$D=\begin{vmatrix} & & & 1 & & & \\ & & & & 1 & & \\ & & & & & \ddots & \\ & & & & & & 1 \\ & & & & & & \\ 1 & & \cdots & 1 & 1 & \cdots & 1 \\ & 1 & & & & & \\ & & \ddots & & & & \\ & & & & & & \end{vmatrix}\neq 0$$

即有 r（$\boldsymbol{A}$）$=m+n-1$。

定理 8-1 中的（2）说明，产销平衡运输问题的约束条件中的 $m+n$ 个等式中有一个是多余的，即只要取其中 $m+n-1$ 个线性无关的等式，就一定能与原来的 $m+n$ 个等式组成同解方程组。可以证明，这 $m+n$ 个等式中任意 $m+n-1$ 个都线性无关。由此可知，该运输问题的每一组基变量应由 $m+n-1$ 个变量组成，那么怎样的 $m+n-1$ 个变量可以作为基变量呢？为此，引入闭回路的概念。

定义 8-1：凡能排成形如

$$x_{i_1j_1},x_{i_1j_2},x_{i_2j_2},x_{i_2j_3},\cdots,x_{i_2j_1},x_{i_1,j_1}$$

（其中 $i_1,i_2,\cdots,i_s$ 互不相同，$j_1,j_2,\cdots,j_s$ 互不相同）的一组变量称为一个闭回路，称各变量为闭回路的顶点。

闭回路是一条封闭折线，折线的每一条边是水平的或垂直的；闭回路的每个顶点都是该封闭折线的转折点。

引理 8-1：设 $x_{i_1j_1},x_{i_1j_2},x_{i_2j_2},x_{i_2j_3},\cdots,x_{i_2j_1},x_{i_1j_1}$ 是一个闭回路，则有

$$P_{i_1j_1}-P_{i_1j_2}+P_{i_2j_2}-P_{i_2j_3}+\cdots+P_{i_2,j_1}-P_{i_1j_1}=0$$

证明：直接计算便可证明上式成立。

从而 $x_{i_1j_1},x_{i_1j_2},x_{i_2j_2},x_{i_2j_3},\cdots,x_{i_2j_1},x_{i_1j_1}$ 对应的列向量组线性相关。

定理 8-2：r 个变量

$$x_{i_1j_1},x_{i_2j_2},\cdots,x_{i_r,j_r} \tag{8-2}$$

对应的列向量组线性无关的充要条件是式（8-2）不包含闭回路。

证明：充分性。设式（8-2）对应的列向量组线性无关，下面用反证法。假设式（8-2）包含闭回路，则由引理 8-1，闭回路对应的列向量组线性相关。因为若向量组中有一部分线性相关，则整体也线性相关，所以可得（8-2）对应的列向量组也线性相关，与题设矛盾。所以，变量组（8-2）不包含闭回路。

必要性。即证如果式（8-2）不包含闭回路，则 $P_{i_1j_1},P_{i_2j_2},\cdots,P_{i_r,j_r}$ 线性无关。

设存在 r 个数组 $k_1,k_2,\cdots,k_r$，使

$$k_1P_{i_1j_1}+k_2P_{i_2j_2}+\cdots+k_rP_{i_rj_r}=0 \tag{8-3}$$

因为式（8-2）不含闭回路，则必有某个变量是它所在行或列中出现于式（8-2）中的唯一的变量。不妨设 $x_{i_1j_1}$ 是式（8-2）在第 i_1 行上的唯一的变量。由 P_{ij} 的特征可知，式（8-3）左端第 i_1 个分量的和是 k_1，而右端是 0，所以 k_1=0，此时式（8-3）变为

$$k_2P_{i_2j_2}+\cdots+k_rP_{i_rj_r}=0$$

而 $x_{i_2j_2},\cdots,x_{i_rj_r}$ 仍不含闭回路，类似前面的讨论，可依次推得 $k_2=k_3=\cdots=k_r=0$。这就证明了 $P_{i_1i_1},P_{i_2j_2},\cdots,P_{i_rj_r}$ 线性无关。

上面的定理和引理是运输问题表上作业法和图上作业法的理论基础，给出了运输问题基的特征，因为用它来判断 $m+n-1$ 个变量是不是构成基，要比直接判断这些变量对应的列向量组是否线性无关简单得多。同时，用基的这个特征可以给出求运输问题的第一个基础可行解的简便方法。

第二节　运输问题的表上作业法

运输问题表上作业法的理论依据是单纯形方法原理，相应于单纯形方法的求解步骤，运输问题的表上作业法主要分三步进行：首先求一个初始调运方案，其次判别最优方案，最后调整方案。经过有限次调整，达到最优方案。

例题 8-1：设某物资有三个产地、四个销地，已知运价表与平衡表见表 8-1。以后均把运价表与平衡表用一个表来表示，规定：运价写在右下角，运量写在左上角，且运量写在圆圈内。

求：总运费最少的调运方案。

表 8-1　运价与运量

产地	销地				
	B_1	B_2	B_3	B_4	发量
A_1	x_{11} 2	x_{12} 5	x_{13} 9	x_{14} 8	3
A_2	x_{21} 1	x_{22} 9	x_{23} 2	x_{24} 6	5
A_3	x_{31} 7	x_{32} 5	x_{33} 4	x_{34} 3	7
收量	6	3	2	4	15

一、第一个初始方案的求法

在例题 8-1 中，用最小元素法求初始调运方案时，考虑表 8-1 中 c_{ij} 的值，运价低的要优先供应，从 c_{ij} 取最小值的格子开始（若有几个格子同时达到最小值，则可任取其中一个）。在表 8-1 中，最小运价是 $c_{21}=1$，把它对应的变量 x_{21} 取为基变量。为满足 x_{21} 的值尽可能地大，取 $x_{21}=\min\{a_2,b_1\}=\min\{5,6\}=5$，在 x_{21} 处填上 5，表示相应基变量的取值（见表 8-2）。这时，A_2 的发量已全部运出，表明表中第 2 行的运价不再需要，因此在表 8-2 中把这一行划掉（用虚线划掉表 8-2 中的第 2 行），这时，B_1 收到了 A_2 从发来的 5，B_1 仍需要的数量是 $b_1'=b_1-x_{21}=6-5=1$，即 B_1 的当前收量为 1。

表 8-2 运价与基变量

产地	销地				发量	
	B_1	B_2	B_3	B_4		
A_1	① 2	② 5	9	8	3	⑥
A_2	⑤ 1	9	2	6	5	①
A_3	7	① 5	② 4	④ 3	7	⑤
收量	6	3	2	4	15	
	②		④	③		

在未被划去的运价中选取最小的，c_{11}=2 为最小，把 x_{11} 选为基变量，A_1 的发量为 a_1=3，而 B_1 的当前收量为 $b_1'=1$。为使 x_{11} 的取值尽可能地大，取 $x_{11}=\min\left\{a_1,b_1'\right\}=\min\{3,1\}=1$，$x_{11}$ 处填上数 1，因为 B_1 的收量已全部运入，表明表中第一列 B_1，的运价不再需要，所以划去第 1 列。此时，A_1 发往 B_1 的数量为 1，A_1 的当前发量为 $a_1'=a_1-x_{11}=3-1=2$。

接下来取表中的最小运价 $c_{34}=3$，把 x_{34} 选入基变量，A_3 的发量为 7，B_4 的收量为 4，取 $x_{34}=\min\left\{a_3,b_4\right\}=\min\{7,4\}=4$，在 x_{34} 处填上数 4，因为 B_4 的收量已全部运入，说明表中第 4 列 B_4 的运价不再需要，所以划去第 4 列。这时，A_3 发往 B_4 的数量为 4，A_3 的当前发量为 $a_3'=a_3-x_{34}=7-4=3$。

仿照上述方法，根据最小运价原则，依次把 x_{33},x_{32},x_{12} 选为基变量，并赋值 $x_{33}=2,x_{32}=1,x_{12}=2$，依次划去第 3 列、第 3 行、第 1 行。至此，得到一个初始调运方案（表 8-2），在表 8-2 中有圆圈的数是对应基变量的取值，其余为非基变量，取值为零，这个初始方案的总运费是

$$s=1\times5+2\times1+3\times4+4\times2+5\times1+5\times2=42$$

注意：当最小元素取定后，如果当前的发量等于收量，选入一个变量 x_{ij} 为基变量，说明第 i 行的发量已全部发出，第 j 列的收量已满足。这时，在运价表

与平衡表中只能划去第 i 行（或第 j 列）。当以后出现 c_{kj}（或 c_{it}）最小时，又会有 B_j 已供足（或 A_i 已发完）。这时，需在 x_{kj}（或 x_{it}）的格子上画圈填上数 0，表明这个基变量的值为 0。

二、求检验数，最优方案的判别

第一个初始调运方案建立后，便会得到一个基础可行解。接下来的问题就是判别这个初始方案是否为最优方案。在单纯形方法中，根据单纯形表中某行的检验数来判别。与单纯形方法原理相同，如果检验数中没有正数，则此调运方案最优；否则需要调整正的检验数，而检验数就是目标函数中非基变量的系数的相反数。下面介绍运输问题中求检验数的两种方法。

（一）闭回路法

在例题 8-1 中，由表 8-2 可知，基变量为 $x_{11},x_{12},x_{21},x_{32},x_{33},x_{34}$，非基变量为 $x_{13},x_{14},x_{22},x_{23},x_{24},x_{31}$。这时，目标函数可表示为

$$\begin{aligned}s=42-0x_{11}-0x_{12}-b_{03}x_{13}-b_{04}x_{14}-0x_{21}-b_{06}x_{22}-b_{07}x_{23}\\-b_{08}x_{24}-b_{09}x_{31}-0x_{32}-0x_{33}-0x_{34}\end{aligned}\tag{8-4}$$

式中的“42”为初始调运方案的运费。

由式（8-4）可以看出，若非基变量 x_{13} 的值由 0 增大为 1，其他非基变量仍为 0，总运费将增加 $-b_{03}$。另外，为了保持平衡，从表 8-1 可见，x_{13} 增加 1，x_{33} 必减去 1，x_{32} 必增加 1，x_{12} 必减去 1，总运费增加 $c_{13}-c_{33}+c_{32}-c_{12}$。

于是，在非基变量 x_3 的值由 0 增大为 1 这个变化过程中，有 $-b_{03}=c_{13}-c_{33}+c_{32}-c_{12}$，即 $b_{03}=(c_{33}+c_{12})-(c_{13}+c_{32})$，而 $x_{13},x_{33},x_{32},x_{12},x_{13}$ 恰好为一条闭回路。

在表 8-2 中，从无运量的空格出发，沿水平或垂直方向前进，遇到有运量的圆圈数字时，按照与前进方向垂直的方向转向前边，经若干次后，必然回到原来的空格处，就形成一条闭回路。

可以证明：过每个空格一定可以作唯一的一条闭回路。

例如，在表 8-2 中有如下回路：过空格 x_{13} 的闭回路①：$x_{13},x_{33},x_{32},x_{12},x_{13}$；过空格 x_{14} 的闭回路②：$x_{14},x_{34},x_{32},x_{12},x_{14}$；过空格 x_{22} 的闭回路③：$x_{22},x_{21},x_{11},x_{12},x_{22}$；过空格 x_{23} 的闭回路④：$x_{23},x_{33},x_{32},x_{12},x_{11},x_{21},x_{23}$；过空格

x_{24} 的闭回路⑤：x_{24}, x_{34}, x_{32}，$x_{12}, x_{11}, x_{21}, x_{24}$；过空格 x_{31} 的闭回路⑥：$x_{31}, x_{32}, x_{12}, x_{11}, x_{31}$。闭回路①～⑤见表 8-3。

表 8-3　闭回路

产地	销地				发量
	B_1	B_2	B_3	B_4	
A_1	① 1	②			3
A_2	⑤				5
A_3		①	②	④	7
收量	6	3	2	4	15

在过空格 x_{ij} 的闭回路中，把第奇数次拐角点运价的总和减去第偶数次拐角点运价的总和，称为对应于空格 x_{ij} 的检验数，记为 λ_{ij}，即

λ_{ij} = 闭回路上奇数次拐角点的运价总和 − 闭回路上偶数次拐角点的运价总和

在例题 8-1 中，由表 8-3 中的闭回路，得非基变量 x_{13}, x_{24} 的检验数为

$$\lambda_{13} = (4+5)-(9+5) = -5$$

$$\lambda_{24} = (3+5+1)-(6+5+2) = -4$$

（二）位势法

现在介绍检验数的另一种求法——位势法。

设给定了一组基础可行解，对应基变量为 $x_{i_1 j_1}, x_{i_2 j_2}, \cdots, x_{i_r j_r}$，其中 $r = m+n-1$。

现在引入 $m+n$ 个未知量，$u_1, u_2, \cdots, u_m, v_1, v_2, \cdots, v_n$，并由上述基可行解出发，构造方程组

$$\begin{cases} u_{i_1} + v_{j_1} = c_{i_1 j_1} \\ u_{i_2} + v_{j_2} = c_{i_2 j_2} \\ \cdots\cdots \\ u_{i_r} + v_{j_r} = c_{i_r j_r} \end{cases} \tag{8-5}$$

式（8-5）中共有 $m+n$ 个未知数，$m+n-1=r$ 个方程。

定理 8-3：任何基础可行解对应的方程组（8-5）都有解。

证明：易知方程组（8-5）的系数矩阵恰好是矩阵 $\boldsymbol{A}$ 中 $x_{i_1 j_1}, x_{i_2 j_2}, \cdots, x_{i_r j}$ 对应的列向量所组成的矩阵的转置，即

$$\left(\boldsymbol{P}_{i_1 j_1}, \boldsymbol{P}_{i_2 j_2}, \cdots, \boldsymbol{P}_{i_r j_r}\right)^{\mathrm{T}}$$

因为 $x_{i_1 j_1}, x_{i_2 j_2}, \cdots, x_{i_r j_r}$ 是一组基，所以 $\boldsymbol{P}_{i_1 j_1}, \boldsymbol{P}_{i_2 j_2}, \cdots, \boldsymbol{P}_{i_r j_r}$ 线性无关，而式（8-5）只有 $m+n-1=r$ 个方程，式（8-5）系数矩阵的秩为 $m+n-1$，故（8-5）必有解。

式（8-5）称为位势方程组，其任意一组解称为位势。

注意：由于位势方程组中有一个自由未知量，所以其解不唯一。

在例题 8-1 中，用最小元素法建立的初始方案（表 8-2）中，画圈的数就是一组基础可行解，由基变量 $x_{11}, x_{12}, x_{21}, x_{32}, x_{33}, x_{34}$ 确定。这时，按照式（8-5）构造的位势方程组为

$$\begin{cases} u_1 + v_1 = c_{11} = 2 \\ u_1 + v_2 = c_{12} = 5 \\ u_2 + v_1 = c_{21} = 1 \\ u_3 + v_2 = c_{32} = 5 \\ u_3 + v_3 = c_{33} = 4 \\ u_3 + v_4 = c_{34} = 3 \end{cases} \tag{8-6}$$

在求解 u_1, u_2, u_3 与 v_1, v_2, v_3, v_4 时，不必写出式（8-6），而要记住对于画圈的数而言，$c_{ij} = u_i + v_j$ 即可。可以先在 $u_1, u_2, u_3, v_1, v_2, v_3, v_4$ 中任意取定一个未知量，如取 $u_1 = 0$。这时在 A_1 的左边写一个 0，由于 $u_1 = 0$，则 $v_1 = 2$，$v_2 = 5$；由 $v_1 = 2$ 得 $u_2 = -1$，由 $v_2 = 5$ 得 $u_3 = 0$，由 $u_3 = 0$ 得 $v_3 = 4$，$v_4 = 3$。

求出位势后，由下面的定理 8-4 给出检验数的求法。

定理 8-4：设一组基础可行解已知，且

$$u_1 = c_1, u_2 = c_2, \cdots, u_m = c_m, v_1 = d_1, v_2 = d_2, \cdots, v_n = d_n$$

是该基础可行解对应的位势，则非基变量 x_{ij} 对应的检验数 λ_{ij} 为

$$\lambda_{ij} = c_i + d_j - c_{ij}$$

即

$$\lambda_{ij}=u_i+v_j-c_{ij}$$

由此可知，用定理 8-4 求非基变量的检验数是非常容易的。

续解例题 8-1 如下：

求得其中非基变量 $x_{13},x_{14},x_{22},x_{23},x_{24},x_{31}$ 对应的检验数分别为：

$$\lambda_{13}=u_1+v_3-c_{13}=0+4-9=-5, \quad \lambda_{14}=u_1+v_4-c_{14}=0+3-8=-5$$

$$\lambda_{22}=u_2+v_2-c_{22}=-1+5-9=-5, \quad \lambda_{23}=u_2+v_3-c_{23}=-1+4-2=1$$

$$\lambda_{24}=u_2+v_4-c_{24}=-1+3-6=-4, \quad \lambda_{31}=u_3+v_1-c_{31}=0+2-7=-5$$

这些检验数的计算也可以直接在表上进行。

最优解的判别法则是：求出检验数，若检验数中没有正数，则这一方案为最优方案；若检验数中有正数，则需要对方案进行调整。

三、方案的调整

当一个调运方案的检验数出现正数时，就必须进行调整，也就是单纯形方法中的换基迭代，其关键是求出轴心项 b_{rs}，以决定用非基变量 x_s 代替基变量 x_{jr}，求出新的基础可行解。对于运输问题，这个过程可在原调运方案表上进行，对原调运方案表中的空格依次求检验数，把第一个出现正检验数的空格所对应的非基变量改为基变量，使这个非基变量的值由零增大到一个适当的数值。为了保持平衡，这一空格的闭回路上各拐角点的基变量的值需要进行相应改变。改变的原则是：其中至少有一个基变量的值为零，变为非基变量（多个基变量为零时，只能其中一个改为非基变量），同时必须保证改变后的基变量不出现负数。

非基变量增大的数值称为调整量，记为 δ。根据上述改变原则，调整量 δ 取为闭回路中第奇数次拐角点中最小的调运量。

调整量 δ 求出后，把闭回路中第奇数次拐角点的数各减去 δ，第偶数次拐角点的数各加上 δ，便得到一个新的调运方案，对新的调运方案再进行判别、调整。经过若干次调整后，一定能得到最优调运方案。

四、产销不平衡的运输问题

在实际应用中，常常会遇到不平衡运输问题，即总产量$\sum_{i=1}^{m}a_i$与总销量$\sum_{j=1}^{n}b_j$不相等的运输问题。对于产销不平衡运输问题，可经过简单的处理将其化为产销平衡运输问题来解决。

当产量大于收量，即$\sum_{i=1}^{m}a_i > \sum_{j=1}^{n}b_j$时，运输问题的数学模型为

$$\min s = \sum_{i=1}^{m}\sum_{j=1}^{n}c_{ij}x_{ij}$$

$$\begin{cases} \sum_{j=1}^{n}x_{ij} \leqslant a_i, i=1,2,\cdots,m \\ \sum_{i=1}^{m}x_{ij} = b_j, j=1,2,\cdots,n \\ x_{ij} \geqslant 0, i=1,2,\cdots,m, j=1,2,\cdots,n \end{cases} \quad (8-7)$$

现在把式（8-7）化为平衡运输问题。

引进松弛变量$x_{i,n+1} \geqslant 0 \quad (i=1,2,\cdots,m)$，则式（8-7）中的$m$个不等式变为等式，即

$$\sum_{j=1}^{n}x_{ij} + x_{i,n+1} = a_i, i=1,2,\cdots,m$$

在原调运方案表上假设一个虚拟的销地B_{n+1}，它的销量为$b_{n+1} = \sum_{i=1}^{m}a_i - \sum_{j=1}^{n}b_j$，而$x_{i,n+1}$视为$A_i$到$B_{n+1}$的物资调运数量，也就是把物资存储在产地$A_i$的数量，并令相应的单位运价$c_{i,n+1} = 0 (i=1,2,\cdots,m)$。于是，式（8-7）转化为平衡运输问题

$$\min s = \sum_{i=1}^{m}\sum_{j=1}^{n}c_{ij}x_{ij}$$

$$\begin{cases} \sum_{j=1}^{n}x_{ij} = a_i, i=1,2,\cdots,m \\ \sum_{i=1}^{m}x_{ij} = b_j, j=1,2,\cdots,n \\ x_{ij} \geqslant 0, i=1,2,\cdots,m; j=1,2,\cdots,n \end{cases}$$

式中，$\sum_{i=1}^{m}a_i=\sum_{j=1}^{n}b_j$。

当产量小于收量，即 $\sum_{i=1}^{m}a_i<\sum_{j=1}^{n}b_j$ 时，可用类似方法转化为一个平衡运输问题。

第三节　运输问题的图上作业法

运输问题另外一种直观、简便的求解方法是图上作业法。图上作业法是 20 世纪 70 年代我国东北的物资调运组从实践中总结出来的一种方法，它是一种迭代法，主要通过三步完成：求一个物资调运的初始调运方案，再检查这个方案是否为最优；如果方案不是最优，将之调整成为一个更好的方案；重复几次，直到得到最优方案为止。

类似于运输问题的表上作业法，图上作业法的理论依据仍然是单纯形方法原理。

一、规定和术语

图上作业法首先要制订一个初始调运方案，在初始调运方案中画一个示意交通图。本节作如下规定：在交通图上，用圆圈“○”表示发点，发量记在圆圈里；用方块“□”表示收点，收量记在方块“□”里；两点之间交通线的长度记在交通线旁边；物资调运的流量线用“→”表示，把“→”画在前进方向交通线的右边，并把物资调运的流量加上圆括号写在流量线旁边。

例如，图 8-1 是一个物资调运流向图，表示发量为 6，收量为 6；交通线长度为 10，物资调运的流量为 8。

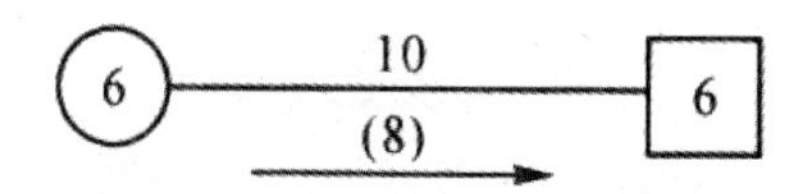

图 8-1　物资调运流向图

又如图 8-2 是表 8-4 的物资调运流向图。

表 8-4　某地的运输问题

产地	销地			发量
	B_1	B_2	B_3	
A_1	3	10		13
A_2	5		2	7
A_3			10	10
发量	8	10	12	30

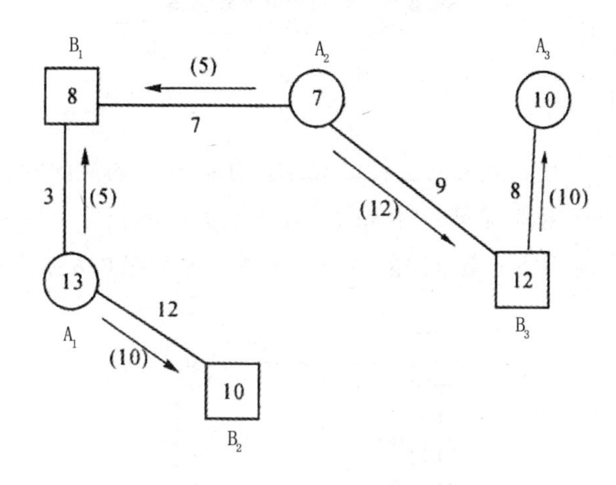

图 8-2　表 8-4 的物资调运流向图

下面介绍物资调运流向图中用到的两个术语。

（一）对流

同一物资在同一线路上往返运输（同一线路上两个方向都有流向的运输）称为对流。如图 8-3 所示，把 A_1 的 12 t 物资运往 B_2，又把 A_2 的 10 t 物资运往 B_1。这样，A_1A_2 之间就出现了对流现象。

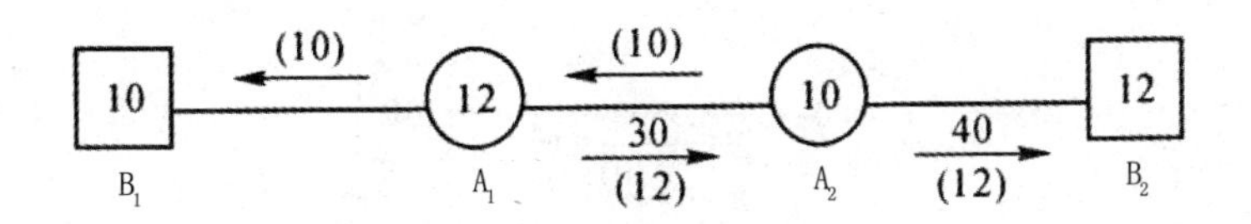

图 8-3　有对流的调运方案

如果把图 8-3 的物资调运流向图改为图 8-4，即把 A_1 的 10 t 物资运往 B_1，A_1 的 2 t 物资运往 B_2，A_2 的 10 t 物资运往 B_2，此时的调运方案就是一个没有对流的方案。

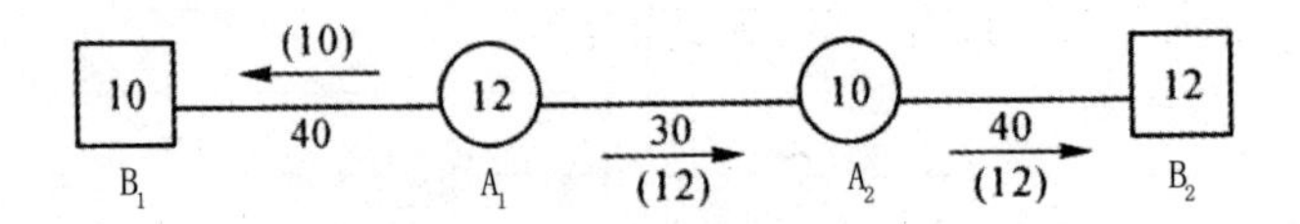

图 8-4　无对流的调运方案

（二）迂回

首先介绍内（外）圈流向总长的概念，在圈外面的流向叫作外圈流向，在圈里面的流向叫作内圈流向，所有内（外）圈流向的长度（也就是流向所在边的长）之和称为内（外）圈流向的总长，如图 8-5 和图 8-6 所示。

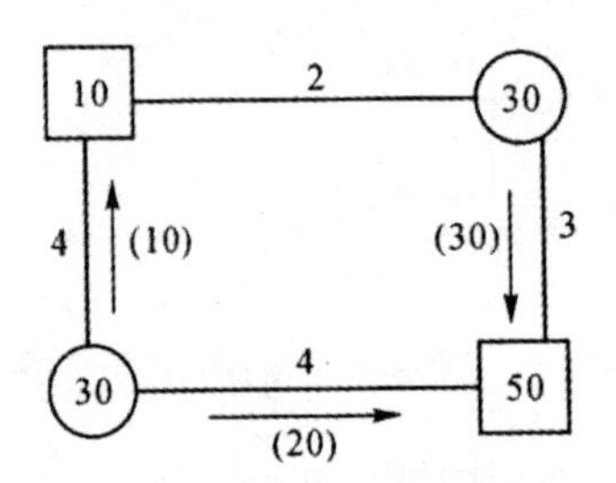

图 8-5　有迂回运输的调运方案

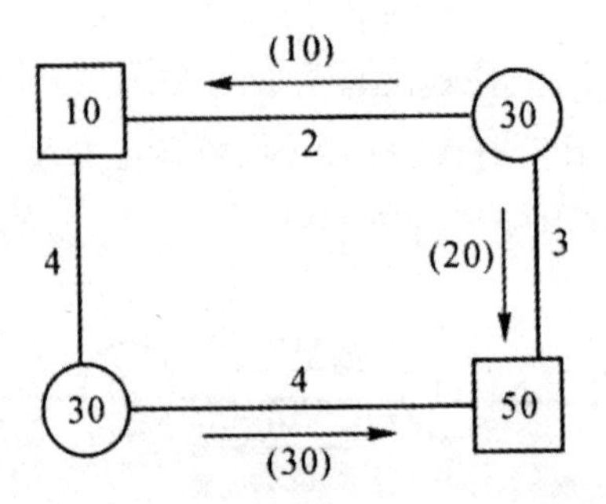

图 8-6　无迂回运输的调运方案

在图 8-5 中，内（外）圈流向总长等于 13，其内圈总长等于 7，外圈总长等于 4；而图 8-6 中，内（外）圈流向总长仍为 13，其内圈总长等于 3，外圈总长等于 6。

如果物资调运流向图中内圈总长或外圈总长大于整圈总长的一半，则称该调运方案有迂回运输，如图 8-5 中，因为内圈总长（7）$> \frac{\text{整圈总长（13）}}{2}$，所以图 8-5 中有迂回运输。图 8-6 中内圈总长（3）$< \frac{\text{整圈总长（13）}}{2}$，外圈总长（6）$< \frac{\text{整圈总长（13）}}{2}$，所以图 8-6 中无迂回运输。

定理 8-5：一个物资调运方案中，如果没有对流和迂回，则这个调运方案就是最优方案。

综上所述，物资调运问题的图上作业法的求解步骤是：求一个没有对流的初始方案；检查此调运方案是否有迂回，如果没有迂回，此方案便为最优方案；如果有迂回，需调整，直到没有迂回为止。

二、无圈交通图

顾名思义，无圈交通图即在整个物资调运过程中没有形成回路。因此，所建立的物资调运方案不可能有迂回。根据定理 8-5，只要保证所建立的方案没有对流，便能保证方案的最优性。在无圈交通图中求出一个初始方案，判别其是否有对流则一目了然。下面举例说明无圈交通图最优方案的求法。

例题 8-2：某种物资总重量为 35 t，从三个发地 A_1，A_2，A_3 运往四个收地 B_1，B_2，B_3，B_4，发量和收量及流向图如图 8-7 所示。

求：最优的调运方案。

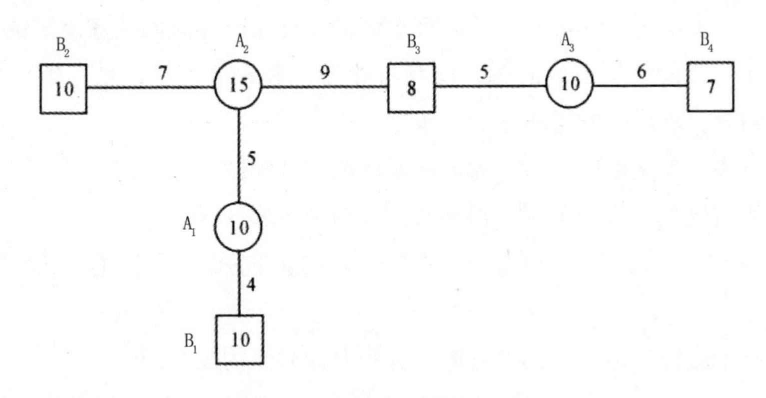

图 8-7　某物资的调运流向图

解：求一个没有对流的流向图。具体做法是：由各端点（如 B_1，B_2，B_4）开始，由外向里，逐步进行各收发点之间的供销平衡，如从 B_1 开始，把 A_1 的 10 t 物资运往 B_1，则 A_1 的物资全部运完，B_1 的需求也得到满足；再从 B_2 开始，把 A_2 的 10 t 物资运往 B_2，则 B_2 的需求已满足，A_2 的剩余 5 t 物资运往 B_3，此时 A_2 的物资全部运完；最后，把 A_3 的 3 t 物资运往 B_3、7 t 物资运往 B_4，则所有发点的物资全部运完，所有收点的需求也得到满足，于是得到物资调运流向图 8-8。图 8-8 是一个无对流的物资调运流向图。

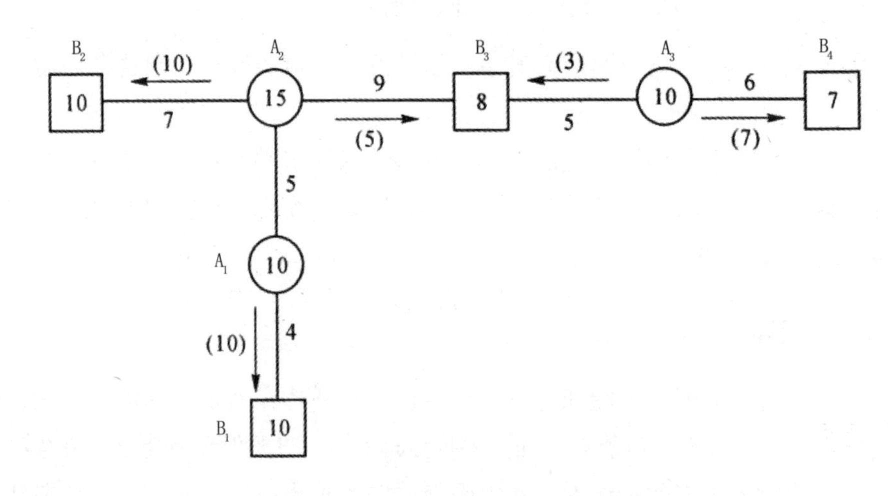

图 8-8　无对流的物资调运流向图

三、有圈交通图

在无圈交通图中，只要做出无对流的流向图，就是最优流向图，而在有圈交通图中，由定理 8-5 可知，既没有对流也没有迂回的流向图才是最优方案。

对于一般的物资调运问题，设有 m 个发点和 n 个收点，且产销平衡。当交通图有圈时，求最优调运方案分三步进行。

第一步：在交通图上做无对流的流向图，具体做法如下。

①丢边破圈，直至无圈，得到有 $m+n-1$ 条边的无圈图。

②在得到的无圈交通图上做无对流的流向图，保证有流向的边恰有 $m+n-1$ 条。

③补回丢掉的边，得到原有圈交通图上无对流的流向图。

第二步：在有圈交通图中检验每个圈是否有迂回运输。如果内（外）圈流向总长都小于整个圈总长的一半，则此流向图最优，否则需要调整。

第三步：检验时，如果存在一个圈的内（外）圈流向总长大于流向整圈总长的一半，则按以下步骤操作。

①求调整量 δ，δ= 该圈中内（外）圈流量中最小的一个。

②此圈中的所有内（外）圈流向上的运量减去 δ，此圈中所有外（内）圈流向上的运量加上 δ；并在此圈中原来没有流向的边添上一个运量为 δ 的外（内）圈流向。

③不在此圈中的所有流向、运量不变，这样便得到一个新的流向图。转到第二步，经有限次检验、调整，便得到最优方案。

说明：一般情况下，丢边破圈所遵循的规则：一是优先丢大边，二是优先丢掉相邻都是收点或发点的边。

例题 8-3：图 8-9 是一个产销平衡的运输问题，物资总重量是 7 万 t，从 A_1，A_2，A_3 三个发点（发量分别为 3，3，1）运往 B_1，B_2，B_3，B_4 四个收点（收量分别为 2，3，1，1）。

求：总运量最小的物资调运方案。

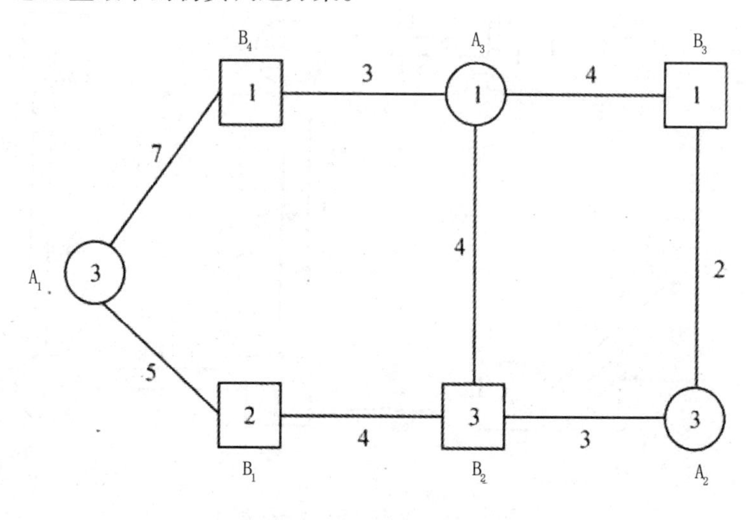

图 8-9

解：(1) 先画一个没有对流的流向图。

根据丢边破圈的规则，丢一边，破一圈，直至无圈。如在图 8-9 中，先丢掉边 A_1B_4，破 $A_1B_4A_3B_2B_1$ 圈；再丢掉 A_3B_3 边，破 $A_2B_2A_3B_3$ 圈。这时，得到有 3+4-1=6 条边的无圈交通图，如图 8-10 所示。

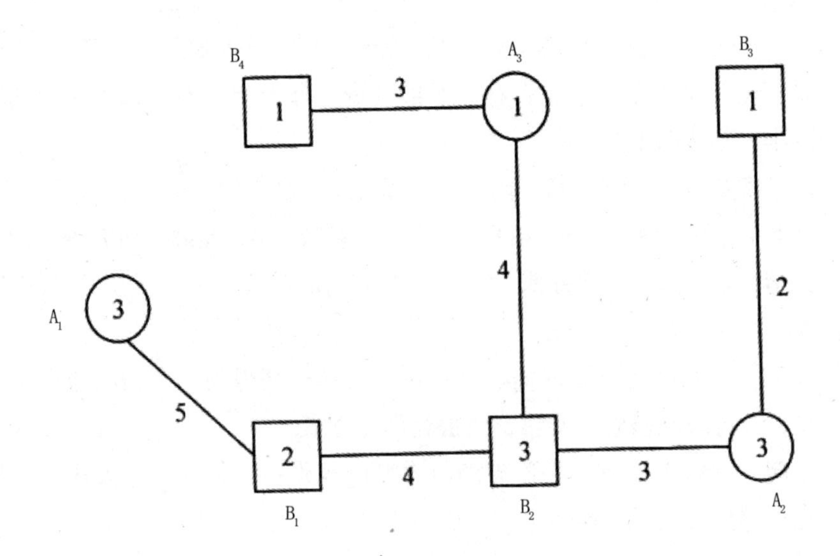

图 8-10　无圈交通图

在无圈交通图 8-10 中，画没有对流的流向图，如图 8-11 所示。

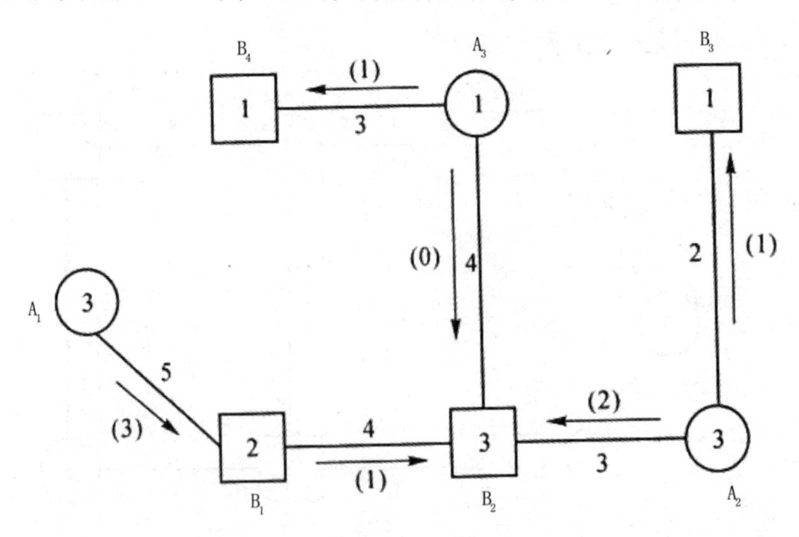

图 8-11　没有对流的流向图 1

注意：当某边没有流向时，必须添上调运量为零的虚流向，图 8-11 中添上虚流向 A_3 运往 B_2，再补回丢掉的边 A_1B_4 和 A_3B_3，就得到一个没有对流的流向图，如图 8-12 所示。

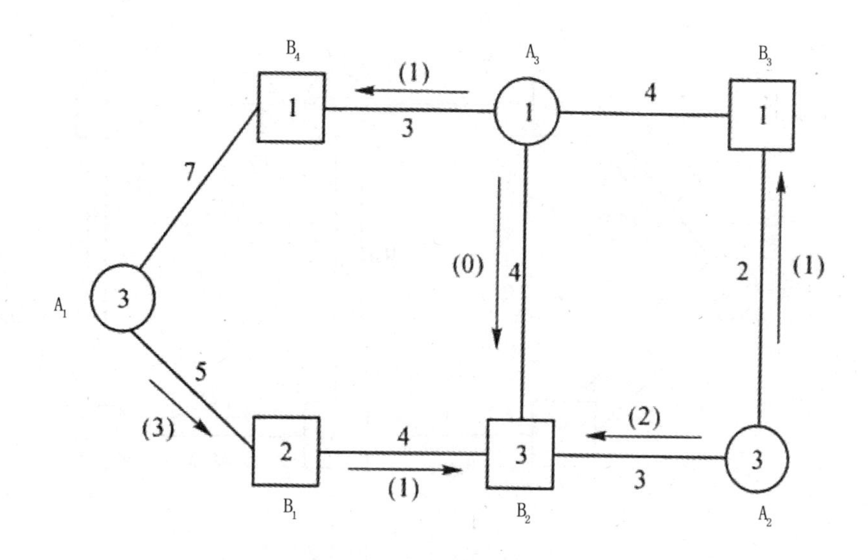

图 8-12　没有对流的流向图 2

（2）检验有无迂回运输。

图 8-12 中共有 3 个圈，分别为 $A_1B_4A_3B_2B_1$（简称左圈），$A_2B_3A_3B_2$（简称右圈），$A_1B_1B_2A_2B_3A_3B_4$（简称大圈），对每个圈逐一检查有无迂回运输。

在左圈中，内（外）圈流向总长 =7+3+4+4+5=23，内圈总长 $=4<\dfrac{23}{2}$，外圈总长 =5+4+3=12 > $\dfrac{23}{2}$，说明在左圈的外圈上有迂回运输，此方案不是最优，需要调整。

（3）调整。

在有迂回运输的左圈上找到运量最小的边，对应的运量是调整量。之后，对有迂回运输的外圈流量都减去调整量，各内圈流量都加上调整量，原来无流向的边也添上一个内圈流向，流量等于调整量。

在本例中，调整量 $\delta=\min\{3,1,1\}=1$，对有迂回运输的外圈流量都减去 1，对内圈流量都加上 1，原来无流向的边 A_1B_4 添上内圈流向，流量为 1。调整后得到新的无对流流向图，如图 8-13 所示。

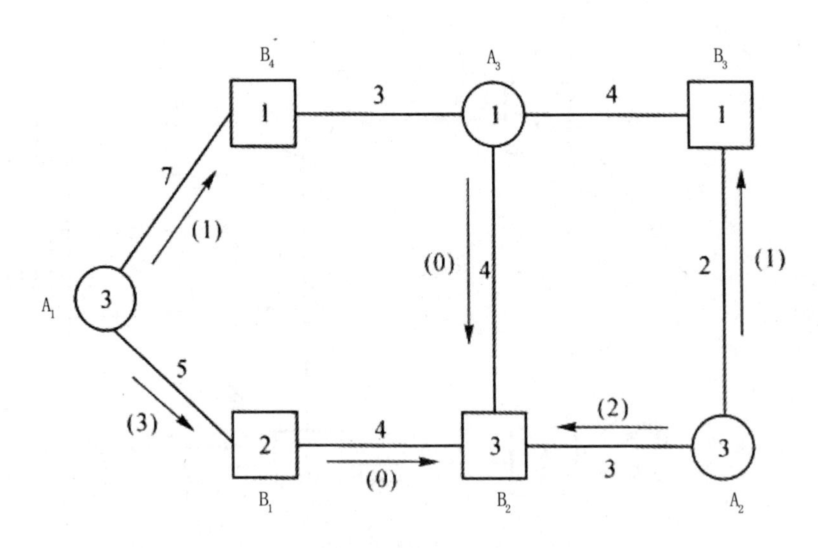

图 8-13　调整后的无对流的流向图

注意:(1)不在此圈上的流向，流量不变。

(2)在有迂回运输的外圈中，B_1B_2，A_3B_4 边的运量都是 1。这时，调整后只能有一条边无流向，而另一条保留为有流向，且流量为零。

对新的流向图 8-13，再检验各圈有无迂回运输。

在左圈中，内(外)圈流向总长 =7+3+4+4+5=23，内圈总长 =7+4=11 $<\frac{23}{2}$，外圈总长 =5+4=9 $<\frac{23}{2}$，所以左圈无迂回运输。

在右圈中，内(外)圈流向总长 =4+4+2+3=13，内圈总长 =3 $<\frac{13}{2}$，外圈总长 =4+2=6 $<\frac{13}{2}$，所以右圈无迂回运输。

在大圈中，内(外)圈流向总长 =7+5+4+3+2+4+3=28，内圈总长 =3+7 = 10 $<\frac{28}{2}$，外圈总长 =5+4+2=11 $<\frac{28}{2}$，所以大圈也无迂回运输。

可见，图 8-13 中的三个圈中均无迂回运输，所以图 8-13 就是最优流向图。

根据此流向图建立的调运方案见表 8-5。

表 8-5　调运方案

产地	销地				发量
	B_1	B_2	B_3	B_4	
A_1	2	0		1	3
A_2		2	1		3
A_3		1			1
收量	2	3	1	1	7

总运量 = $2\times5+2\times3+1\times2+1\times4+1\times7=29$（万 t）。

注意：

①为了便于区别内圈流向和外圈流向，规定流量线必须画在交通线前进方向的右侧。

②流向图中必须保持有 $m+n-1$ 条边有流向，否则会少一个基变量。

③每次调整后得到的新流向图，必须在每个圈上检验有无迂回运输。

④由于丢边破圈的方式不同，所得的初始流向图也不同，但最后的总运量相同。

第九章　线性规划的应用

第一节　线性规划在经济生活中的应用

线性规划是数学的一个重要分支，它所研究的问题是：讨论在众多的方案中什么样的方案是最优的，以及怎么找出这些最优方案。在现实的生产活动中这类问题普遍存在，如在生产计划安排中，选择什么样的生产方案才能提高产值、利润；在原料配给问题中，怎样确定各种成分的比例，才能提高质量、降低成本；在资源的分配问题中，怎样分配有限的资源，才能使分配方案既能满足各方面的基本要求，又能获得好的经济效益；在农田规划中，怎样安排各种农作物的合理布局，才能保持高质量、稳定生产，以发挥地区优势；在经济管理中如何使产出率最高，即单位成本的产值最大，或者盈利率最高。诸如此类问题不胜枚举，线性规划就是为求解这些问题并为求解这些问题提供理论基础与方法应运而生的、实用性强的学科。

一、线性规划问题应用的特点及一般步骤

线性规划是运筹学中研究较早、发展较快、应用广泛、方法较成熟的一个重要分支，是辅助人们进行科学管理的一种数学方法。在经济管理、交通运输、工农业生产等活动中，增强经济效益是人们的必然要求，而增强经济效益一般通过两种途径：一是技术的改进，如改善生产工艺，使用新设备和新型原材料；二是生产组织与计划的改进，即合理安排人力、物力资源。

线性规划所研究的是在一定条件下，合理安排人力、物力等资源，使经济效果达到最好。一般来说，求线性目标函数在线性约束条件下的最大值或最小

值的问题，统称为线性规划问题，满足线性约束条件的解叫作可行解，由所有可行解组成的集合叫作可行域，决策变量、约束条件、目标函数是线性规划的三要素。

许多实际问题抽象成数学模型后均可以归为求解线性规划问题，这些实际问题的解就是线性规划问题的最优解，也就是指导实际生产生活的最优方案，由此可见，线性规划问题有很强的实用性和最优性，它们能为生产生活中的配置提供最优方案。

线性规划问题数学模型建立的一般步骤：第一，列出目标函数及约束条件；第二，画出约束条件所表示的可行域；第三，在可行域内求目标函数的最优解及最优值。

二、求解线性规划问题的方法

常规求解线性规划问题的方法有以下五种。

（一）推直线法

对于一些简单的线性规划问题可以用推直线法求其最优解，其做法是先建立目标函数等值线方程，等值线的法向量就是目标函数中各未知数系数组成的向量。它也称为目标函数的梯度，指向目标函数的增长方向。因此，沿此方向移动等值线时，线上各点目标函数值均增大；而沿反方向移动等值线时，目标函数值减小。所以，求最大值点就沿着目标函数增长方向移动等值线，直至它到达极限位置，如再移动就到达与可行域的交为空集的位置；若求目标函数的最小值，就沿反方向移动目标函数等值线直至极限位置。这种方法在处理两元问题时非常有效。

（二）单纯形方法

单纯形方法的基本思想是从一个基本可行解出发，求一个使目标函数值有所改善的基本可行解，并通过不断改进基本可行解，力图得到最优基本可行解。单纯形方法有一个弱点，就是首先要找出一组基本可行解，再从这个基本可行解出发求改进的基本可行解。目前较常见的求初始基本可行解的方法有两种：一种是两阶段法；另一种是大 M 单纯形方法。

（三）多项式时间算法（卡马卡算法）

20 世纪 80 年代，美籍印度数学家卡马卡提出了解线性规划问题的一种新算法，这就是关于线性规划问题的多项式时间算法。该算法在当时轰动了学术界，激起了人们的极大兴趣。多项式时间算法是：如果用一种算法解一种问题时需要的计算时间在最坏的情况下不超过输入长度的某个多项式所确定的数值 $P(L)$，则称这种算法是解这种问题的多项式时间算法，简称多项式算法。

（四）凸单纯形方法

凸单纯形方法的基本思想也是从一个基本可行解出发，沿着既约梯度方向，求一个使目标函数值有所改善的基本可行解，通过不断改进基本可行解，力图得到最优基本可行解。

（五）代换法

代换法又称查恩斯－库伯方法，它是美国经济学家查恩斯和库伯于 20 世纪 60 年代提出来的方法。这种方法的主要思路是利用代换思想将目标函数转化为线性函数，然后利用线性规划问题的方法进行求解。

三、线性规划问题应用实例

线性规划问题是经济数学的一个重要分支，在实践中应用较广泛。除了许多实际课题属于线性规划问题外，运筹学一些分支中的问题也可以转化为线性规划问题来解决，所以线性规划问题在最优化学科中占有重要的地位。

建模是解决线性规划问题极为重要的环节，一个正确数学模型的建立要求建模者熟悉线性规划问题的具体内容。当面对文字长、数据多的应用题时，要明确目标函数和约束条件有相当的难度，解决这个难点的关键是通过表格的形式把问题中的已知条件和各种数据进行整理分析，从而找出目标函数和约束条件，并从数学角度有条理地表述出来。

例如，单位生产成本的最大增值问题。某工厂在计划期内要生产 A，B，C 三种产品。假定产品畅销，已知生产的固定成本为 1 万元，即生产期内的固定资产损耗量，并且生产单位产品所需要的劳动力、设备台时、原材料、变动成本、产值已知，厂方规定总生产成本不能超过 13 万元。

问：应如何安排生产才能使得成本产出率最高？

建立数学模型：

设工厂在计划期内生产 A，B，C 三种产品的数量分别为 x_1，x_2，x_3，显然成本产出率的表达式为

$$\frac{472x_1+512x_2+544x_3}{260x_1+280x_2+385x_3+10000} \tag{9-1}$$

且 A，B，C 三种产品的数量受以下四种资源量的限制。

①劳动力的限制：

$$15x_1+20x_2+30x_3=8000 \tag{9-2}$$

②设备台时的限制：

$$20x_1+10x_2+25x_3=12000 \tag{9-3}$$

③原材料的限制：

$$30x_1+40x_2+45x_3=15000 \tag{9-4}$$

④变动成本的限制：

$$260x_1+280x_2+385x_3=120000 \tag{9-5}$$

此外，A，B，C 三种产品的产量不能为负数，即 x_1，x_2，$x_3 \geqslant 0$。

综上所述，本例的问题就是在式（9-2）至式（9-5）以及未知数非负的限制条件下求使得式（9-1）最大的解，式（9-1）称为目标函数，式（9-2）至式（9-5）称为约束条件。与工业资源配置问题相同的还有农业生产计划安排问题、商业流动资金的分配问题、食谱问题等，这些问题经数学抽象后，均可建立起线性规划模型。

四、线性规划在经济生活中运用的意义

随着经济全球化的不断发展，企业面临更加激烈的市场竞争。企业必须不断提高盈利水平，增强获利能力，在生产、销售、新产品研发等一系列过程中占有自己的优势，提高企业效率，降低成本，形成企业的核心竞争力，才能在激烈的市场竞争中立于不败之地。过去，很多企业在生产、运输、市场营销等方面没有利用线性规划进行合理的配置，致使增加了企业的生产量，企业的利润也不能达到最大化。在竞争日益激烈的今天，企业如果还按照过去的方式运转是难以生存的，所以就有必要利用线性规划的知识对战略计划、生产、销售各个环节进行优化，从而降低生产成本、提高企业效率。

在各类经济活动中，经常遇到这样的问题：在生产条件不变的情况下，如何通过统筹安排，改进生产组织或计划，合理安排人力、物力资源，组织生产过程，使总的经济效益最好。这样的问题常常可以化成或近似地化成所谓的线性规划问题。线性规划是应用分析、量化的方法，对经济管理系统中的人、财、物等有限资源进行统筹安排，为决策者提供有依据的最优方案，以实现有效管理。利用线性规划知识可以解决很多问题，如在不违反一定资源条件限制下，组织安排生产，获得最好的经济效益（产量最多、利润最大、效用最高）；也可以在满足一定需求条件下，进行合理配置，使成本最小；还可以在任务或目标确定后，统筹兼顾，合理安排，用最少的资源（如资金、设备、原材料、人工、时间等）获取最多的收益。

把线性规划知识运用到企业中去，可以使企业适应市场激烈的竞争，及时、准确、科学地制订生产计划、投资计划，并对资源进行合理配置。过去，企业在制订计划、调整分配方面进行得不是很顺利，既要考虑生产成本，又要考虑获利水平，人工测算需要很长时间，不易做到机动灵活。运用线性规划知识并通过计算机操作进行测算就简便易行，很快就可以得到最优方案，提高企业决策的科学性和可靠性，其决策理论是建立在严格的理论基础之上，运用大量基础数据、经严格的数学运算得到的，能使企业在生产的各个环节优化配置资源，提高企业的效率，对企业大有益处。

第二节　线性规划在林业计划中的应用

一、线性规划在林业计划中应用的发展

20 世纪 50 年代中期，线性规划作为林业计划中一种资源分配方法而获得认可。此后，其在林业计划中的应用逐渐增多。尽管在一个简单的线性空间范围内不容易充分表明林业计划中的许多现实问题，但是随着时间的推移，应用经验的逐步积累，计算方法的改善和发展，计算机速度、容量和计算能力的逐步提高，林业计划中已应用线性规划来解决更为复杂的现实问题。线性规划在林业计划的应用初期，仅被用来解决简单的决策和短期计划问题；而近期大量研究表明，线性规划正被用来解决复杂的、动态的和长期的计划问题，并正从单

目标决策走向综合决策。时至今日，线性规划在北美、西欧、东欧、北欧、日本、澳大利亚等国家和地区的林业计划中已获得广泛应用，并出现了大量的计算机软件系统。

线性规划技术所做的计划与传统方法所做的计划相比，从经济上看是优越的。然而，线性规划应用的优越性不仅在于大大提高了计划的效率和效益，还使人们加深了对复杂的现实经济问题的认识和理解。

20 世纪 70 年代至今，线性规划在林业计划中的应用发展很快，完成了许多在线性规划基础上形成的新模型。一些大的林业公司和企业已经广泛运用了线性规划模型，并贯穿于它们的计划管理全过程。线性规划相关的一些数学规划，如整数规划、目标规划和参数规划等，都已设计出来并得到了应用。

线性规划在林业计划中有着广泛的应用领域，由于林业部门各个领域的特点不同，所涉及的自然、技术及经济环境条件不同，实际问题的难易程度及解决的方式就有所不同，线性规划在林业部门各领域的发展程度及应用形式也就不尽一致，总的趋势是：从简单到复杂，从短期到长期，从局部到整体，从单目标到多目标。

线性规划最初的应用研究是从木材加工、利用和运输问题开始的，如胶合板厂的生产结构和生产能力的合理配置的线性规划模型。这类模型的特点是，根据资源条件来对企业的生产进行合理安排，使生产效果最大化。比较有名的是加拿大某林产公司胶合板硬板分公司使用的柯达科模型，这个模型提供一项从原材料供应到销售的各种产品之间取得平衡的年度计划，目标是使销售产品的总利润达到最大。一般来说，这类模型的结构较简单，规模不算大，目标比较单纯，时间也短。

线性规划应用于木材采伐计划也比较早，这类模型的基本特点是空间上复杂、时间上短期。这类模型所需要的数据是：关于木材采运情况的描述，如采伐方式、运输形式、到材地点等；各种活动，如存储、购销业务等；作业期可利用的机器数量、机器闲置成本、固定和变动成本、生产能力、储备成本、存货情况等各方面的资料，计算机将这些数据转变成线性规划矩阵，产生成本最低的木材采运计划，从而确定资源的限额及经营方针。随后，线性规划在现有林经营计划中获得大量应用，这类应用的核心是论证在现实经营条件下允许的采伐量。这类规划是从木材生产的角度出发，考虑到永续利用和森林调整，使最终收获量或净现值最大。现有林经营计划模型一般由一个长期的营林计划模型和一个短期的采伐计划模型组成。这类模型表明：林业部门正在利用线性规划解决长期的、动态的和综合的问题。

线性规划应用于地区之间、部门之间、多目标与多资源之间的综合决策问题较晚一些。这类问题涉及范围较广，最早应用的是用来解决地区之间阔叶材和针叶材的流量问题的模型，还包括地区产业比例结构问题、土地利用规划问题以及森林的多效用利用问题等。美国在西部好几个国有林区试用的资源能力系统（Resources Capability System，RCS）就是这方面应用的一个实例，RCS是一个大的计算机程序系统，线性规划程序群是它的一个子系统，它试图将多种资源对经营控制的反应制成模型，模型最优化是使包含所有产出、输出量的一个线性函数值达到最大，RCS中考虑多资源与多产出之间平衡的想法是符合实际需要的，然而在应用时还存在一些问题。

一般来说，当涉及更多更复杂的因素时，线性规划的一些局限性就较为明显，而线性规划的发展形式——目标规划常用来解决多目标问题，如在土地利用规划、森林经营规划及地区生产结构规划中，常用目标规划。

总之，线性规划在林业及与之相关的领域中的应用范围很广，现正在继续发展中。

20世纪60年代，尽管有研究已表明线性规划在林业计划中应用的有效性及潜力，但付诸实践的并不多，许多原因制约着线性规划在林业中的运用，主要原因有：线性规划的数学形式对于经营者和计划者来说比较生疏；将现实经济情况表达为目标函数和约束条件存在一定的困难；线性规划对数据资料的数量、质量要求较高；线性规划本身的假定具有应用上的局限性。事实上，早期线性规划在实践中的应用往往是由一些大公司进行的，因为那里的计划人员一般具有较高的专业知识。

为了克服线性规划在应用上的困难，20世纪60年代末到70年代初，许多研究者作了应用宣传和说明，并研究出线性规划的发展形式以克服线性规划的一些局限性，而另一些研究者成功地研究出供使用者使用的计算机软件系统。通过使用这些系统，线性规划技术在林业计划中的应用大大简化了。这些计算机软件系统一般包括几个基本部分：一个或多个能将现实数据组织成可供线性规划分析的矩阵形式的计算机程序；一种简单的计算机算法语言；一个或多个具有将输出的信息和求出的解转化为经营者和计划者易于理解的形式的计算机程序。

软件系统的出现，大大简化了线性规划的应用技术，使线性规划在林业中的应用日益广泛。但应用越深入，线性规划的某些局限性就越明显，这就激发了研究者们进一步去研究线性的实际应用问题。

线性规划在我国林业中的应用：用线性规划探讨农林牧最优生产结构问题；用线性规划讨论造林、林分类型选择问题；用线性规划讨论土地资源合理利用问题。上述各项研究模型规模都很小，现实问题中的各种内在联系很难通过这些简单的模型表现出来。在这种情况下，往往会使线性规划的一些假定的局限性就更加明显。因此，这些模型基本上属于应用可能性的探讨范围，离实际应用还有距离，但这些研究说明了我国现实条件下可能应用的领域，即线性规划应用于我国林业计划方面是值得称道的。随着研究的深入与经验的积累，线性规划应用对我国林业计划工作一定能起到良好的推动作用的。

需要指出的是，并非懂得线性规划数学原理就能用好线性规划，林业中的现实经济问题是复杂的，用好线性规划的关键在于对现实林业计划问题理解的深度和对线性规划原理的掌握程度。学习和掌握线性规划的基本原理并不难，真正的困难在于如何将现实问题准确合理地表述为线性规划问题。

二、线性规划在林业计划中应用的局限性及其解决途径

线性规划用于林业计划有很多优越性，但也有一些明显的局限性，这是由线性规划的四个基本假定（线性、可加性、可分性和有限性）引起的，在应用线性规划的所有计划方法中都存在这种局限性：另一些局限性是由具体的线性规划模型引起的。线性规划在林业中应用于不同的方面，而各方面的现实条件又不同，因此，这些局限性的表现形式也不尽一样。

在局限性中，最明显的就是线性规划的线性假定，线性假定的基础又在于可加性。事实上，在林业中要使目标函数和约束条件都满足线性假定是不可能的，如林木生长、木材运输等问题都对线性假定提出了疑问。因此，使用线性规划模型的人必须会判断他的问题是否可以表示为线性形式，如果问题不能表示为线性，可有两种选择：一种是把曲线剖分成许多短的直线段去逼近原来的函数图像，虽然这种解题程序称为分离规划，但求解时仍能使用标准的线性规划算法；另一种是采用非线性模型，但这常常很复杂，求解也很费时，因此林业中很少应用。

另一种局限性是由可分性引起的，这是因为在许多实际情况中，许多事物

是不可分的。当然，在许多场合可以将线性规划答案化为整数，但对于预算这一类问题化整会产生不可接受的误差，这一局限性促使了整数规划应用的发展。

线性规划的另一个局限性是对资料要求较高，有时不得不采用一些主观估计，但这种估计有时会产生错误结果，线性规划是不能适应大范围灵敏度分析的。除非利用规划本身进行选择，如不断地改变约束等。但这样耗费成本太大，而灵敏度分析在数据质量较低的情况下是需要大量进行的。

线性规划不适应多个经营目标的情形，但在现实的林业计划和森林资源管理中，多目标的情形是极为普通的。为了解决这个问题，从一般的线性规划形式中发展出了目标规划，使这个局限性得以克服。目标规划的基本特点是：当分析者在利用线性规划解决多目标经营问题时，先将最主要的目标定量化为目标函数，而将其他一些较次要的目标定为约束条件，或将多个目标都转化为约束条件，将达到目标的离差之和作为目标函数，并利用权数来协调各目标的重要程度。在求解时，最优解满足的将不是单个目标，而是根据各目标的重要程度去满足一组目标。

线性规划还有一个假定性：问题是确定性的，也即对于给定的输入，必然会有一定的输出。一般来说，林业工作者常常认为他们的问题是满足确定性的，并在大部分计划决策中运用这个假定，随机规划则用于不确定性问题或者所冒风险太大而不可忽视的问题中。

然而，许多局限性并不是由线性规划的基本假定产生的，而是在认识与理解现实经济问题和组建模型解决问题的过程中产生的，这是因为任何一种算法体系都有一定的范围。不能认为某种算法一定适应某个特定的经营管理问题，而其他方法就不适应。对于任何应用成功的方法，都需要有远见的使用者对为了制定模型而做出的假定有充分的认识，并且询问他自己是否真正需要做出这些假定而不作出另一些假定。想要使一个模型能够适当地模拟一个复杂的经营情形，不作出各种假定是不可能的，而经营者在这方面的任务是对他的问题选择最适宜的模型。

由于林业本身的许多特点，如受自然影响大、生长周期长、不确定因素多、土地的综合利用与森林多功能效用发挥交织在一起等，使问题更为复杂。因此，在林业计划中运用线性规划时，考虑一下以下几方面是有益的：如何将长期目标转化为目标函数或约束条件；如何将长期目标与短期目标在模型中统一起来，取得协调；如何使时空关系在模型中得以表述，或者有无这个必要，其他方法是否更好；如何协调地区间的不同情况，将社会经济条件考虑到模型中去；如何对数据进行处理，使之能满足模型的要求，又不产生大的误差；在运用模型时，如何运用影子价格、灵敏度分析来对长期过程中出现的变化进行调整等。

尽管线性规划存在一些局限性，但仍不失为林业计划运用的一种有用的工具。在将来，线性规划的发展形式和其他类型的数学规划将会更多地应用于林业，这些形式、规划将被设计出来以克服目前线性规划在林业中应用的某些局限性。因此，认识和表明线性规划的各种局限性对于林业经营管理和计划工作来说是非常重要的。

三、线性规划在营林生产规划中的应用

营林生产周期长，不确定的因素较多，如果再考虑到追加投资所涉及的各项集约化技术措施，以及在此基础上产生的经济生产力，问题就更为复杂。所以，线性规划在营林生产规划中的应用研究出现较晚，也不很成熟，并且困难更大，这是由营林生产本身的特点所决定的。生产周期长使线性假定的局限性更为明显。要解决这一问题，就必须多设置变量，将长期化为短期或不同长短时期的平均数。在集约经营的情形下，问题就更为复杂，必须考虑各种技术措施，而且这些技术措施的不同水平以及它们同立地、树种结合而形成的各种不同组合是非常多的。如果再考虑将时间因素与空间因素统一由模型表示出来，就会形成规模很大的模型。众多的变量会使系数取得存在困难，这些系数的误差也往往使模型计算结果应用价值不大。因此，在组建营林生产规划的线性规划模型时，必须对各种因素进行合理取舍，对各种组合进行周密选择，使之尽量符合实际而简单明了，否则模型本身就失去了意义。所以，线性规划在营林生产规划中的应用往往需要结合其他方面的研究，如在各种集约化措施条件下生长量的预测研究等。

尽管线性规划在营林生产中的应用存在着较多的困难，但应用的意义仍然是非常明显的，如将线性规划应用于营林生产，可以提高经济效益。研究表明：线性规划的结果与传统方法规划的结果有很大区别，在相同的条件下（产投系数与资源条件相同等），线性规划方案比传统规划方案能提供更好的经济效益。这显然是因为线性规划能将各种时空环境因素放在一个模型中进行综合分析，而传统规划往往以一些既定的认识为标准，结果往往顾此失彼。然而，在营林生产中应用线性规划的意义不仅于此，更重要的是我们可以利用它来建立一个

营林生产的模拟系统。这个系统的功能在于能够反映营林生产中各因素之间复杂的内在联系，而通过对这个系统的信息控制和调节，使营林生产效果达到最优。例如，最佳采伐年龄和各种技术措施水平及组合的选择都可以通过对模型的信息控制、调节来实现。而且，这个系统又是整个林业系统的一个子系统和基础，对于整个林业的计划控制，森林资源管理是十分重要的。所以，研究线性规划在营林生产规划中的应用是必要的。尽管目前还不成熟，但其发展的前景是可以预料的。

在木材经营计划中，往往都有一个营林方面的规划。线性规划在营林生产规划中早期的应用都是这类问题。在这类问题中，一般是以林分的自然生产力为基础，考虑了立地，树种等因素，求得最大生长量或净现值。对于营林生产涉及的各种自然、生产技术和经济环境因素考虑不够详尽。后来发展为专门研究营林生产规划，考虑了造林方式、种源、立地、苗木、投资等多种因素。同时，讨论了追加投资、提高集约度等方面的情况，但模型中没有表现出来。澳大利亚造纸公司在模型中对部分集约营林措施进行了估价，包括以下几个方面：两个可供选择的人工林营造方法，包括施肥和除草处理的不同投资；树木的育种效果；造林后施肥的情况；三种可供选择的采伐方法；十个不同的采伐年龄。这个模型显然是根据集约经营的需要而发展出来的，尽管存在着一些不完善的地方，但对实际生产规划仍起着指导作用。

线性规划在营林，特别是在集约营林生产规划中的应用，虽然还处于研究与探索阶段，但初步成果已表现出明显的现实意义。随着集约经营资料的积累、方法研究上的进一步深化，线性规划在集约营林生产规划方面的应用一定会有更好的前景。

目前在这方面尚需研究的问题包括：一种更好地适合于集约经营条件的生长量或经济产量的预测技术；如何将各种主要集约技术措施及其交互作用的影响定量化；如何将集约技术措施与经营上的多目标统一用模型表述出来；如何将自然因素、技术因素、经济因素以及时间因素统一在模型中全面考虑；如何对模型进行灵活的控制与调节；等等。

现在，线性规划能广泛而有效地应用于林业计划。将来，线性规划及其他数学规划方法将在林业中大量运用。目前，在林业计划中的应用薄弱环节是营林生产规划，特别是在集约条件下的营林问题。但这方面的应用研究有着重要的现实意义，许多研究已表明了这一点，所以今后应该加强这方面的应用研究。

第三节　线性规划在环境容量资源分配中的应用

最优化方法是数学模型与应用科学技术结合的产物。最优化问题主要包括约束条件下的优化、无约束条件下的优化、线性约束下的二次规划、离散规划优化、整数规划优化、多目标规划优化等内容。最优化方法中，目前应用最广泛和最成熟的是线性规划方法。线性规划方法为实际应用提供了很好的基础平台和技术方法。

环境规划是环境管理中的重要环节和组成部分。传统上，环境规划方案优化先采用有限离散情景方案，最后选取相对较优的方案作为实施或推荐方案。随着最优化数学规划方法的问世，20 世纪 70 年代以来，国外一些研究机构相继采用线性规划方法开展了环境规划研究，把线性规划方法应用于流域污染控制规划。20 世纪 90 年代初以来，中国环境科学研究院的研究人员应用线性规划方法开展了若干城市的环境规划优化模型以及总量控制规划研究，提出了求解大规模环境综合整治整数规划模型，最优化方法在环境规划中的应用取得了空前的发展。近年来，随着全国大气和环境容量测算及污染物排放总量分配工作的推进，生态环境部环境规划院与有关单位相继开展了环境容量分配规划问题与计算方法的研究。

一、环境规划最优化概念模型

（一）环境规划最优化问题类型与特点

由于环境容量资源的有限性，现实中环境规划最优化问题一般情况下都是约束条件下的最优化问题。根据目标函数的特点进行划分，环境规划最优化问题主要有以下四种类型：区域污染削减费用最小化下的污染物削减量分配问题；区域环境容量资源利用最大化下的污染物排放总量分配问题；区域环境影响最小化或环境质量最优下的污染物削减量分配问题；区域污染物削减量最小化下的污染物排放总量分配问题。实际中，最常见的是前面两种规划问题。

环境规划最优化问题有以下特点。第一，规划目标具有多重性。最优化目标既可以是单目标也可以是多目标，如区域污染削减费用最低和环境影响最小。第二，规划变量具有非连续性。由于规划约束变量的特点，它经常为 0-1 整数变量或者离散变量，或者是变量值都是已经给定的离散方案取值。第三，环境影响的线性假定。一般来说，污染源之间的传递函数通常都是非线性的，但是在特定区域的气象和水文条件下，可以近似假定为线性关系。第四，削减费用的线性假定。一般来说，单位污染削减费用与污染削减量之间存在边际递增关系，通常是二次递增函数关系。但是，对于特定的区域环境规划问题，为简化规划问题模型和降低规划问题的复杂性，一般采用平均削减费用系数，说明削减费用与削减量之间存在线性关系。第五，建立规划模型的前期技术工作比较繁杂。主要表现在削减费用系数确定、环境影响传递（函数）系数确定、污染源削减方案确定、削减布局等方面。第六，规划最优化方法的专业性。目前，一些研究单位已经针对环境规划中独特的污染削减量分配、污染物排放总量分配、环境管理决策等优化问题开发出一些专业软件，并得到了应用。

在环境规划最优化问题中，约束条件主要有 7 种类型：环境质量约束，即必须满足达到环境质量目标要求；排放标准约束，即污染源必须达到国家或地方排放标准；排放总量约束，即污染源必须满足相应的地方排放总量削减要求；削减规模与削减效率约束，即对于特定的污染源，由于削减规模、削减效率和削减技术的要求，对削减规模或者削减效率或者削减技术给出一定范围要求；污染布局约束，即根据区域环境容量资源的特点对污染源削减的地理布局提出要求；污染削减社会经济权重约束，即根据区域社会经济发展水平和人口布局对污染削减提出要求；削减技术约束，即某些污染物的削减技术还不成熟，可能存在零削减方案。在环境规划优化问题中，最重要和最常见的约束是前四种约束，尤其是第一种和第三种约束在大部分环境规划中都会出现。

（二）环境规划中的线性规划概念模型

下面主要以区域污染削减费用最小化和区域环境容量资源利用最大化两种规划类型为背景，提出相应的概念模型。

1. 区域污染削减费用最小化模型

该模型选取污染源的污染物削减量为决策变量，目标函数为所有污染源所有污染物的削减费用总和最小，约束条件包括污染物最低削减量、环境质量要求以及变量非负要求。该问题的数学模型如下：

$$\min \sum_{i=1}^{m}\sum_{j=1}^{n} c_{ij}x_{ij} \tag{9-6}$$

$$\text{s. t.}\sum_{i=1}^{m} x_{ij} \geqslant b_j, j=1,2,\cdots,n \tag{9-7}$$

$$\sum_{i=1}^{m} f_{ij}\left(x_{ij}^0 - x_{ij}\right) \leqslant S_j^a \tag{9-8}$$

$$x_{ij}^0 \geqslant x_j \geqslant x_{ij}^1, i=1,2,\cdots,m; j=1,2,\cdots,n \tag{9-9}$$

式中，x_{ij}——第 i 个污染源第 j 种污染物削减量，单位为 t/a；

x_{ij}^0——第 i 个污染源第 j 种污染物产生量，单位为 t/a；

x_{ij}^1——第 i 个污染源第 j 种污染物最低削减量，单位为 t/a；

c_{ij}——第 i 个污染源第 j 种污染物削减费用系数，单位为元 /t；

b_j——区域第 j 种污染物最低削减量，t/a；

S_j^a——第 j 种污染物环境质量控制平均浓度标准，g/m^3；f_{ji} 为第 i 个污染源第 j 种污染物的环境质量影响传递系数。

若污染源削减方案已经给定，那么上述规划问题就变换为离散线性规划问题（以单一污染物为例）：

$$\min P \sum_{j=1}^{n} P\left[j, k(j)\right] \tag{9-10}$$

$$\text{s. t}\sum_{j=1}^{n} A(i,j) \times B\left[j, k(j)\right] \leqslant S(i) \tag{9-11}$$

$$\begin{gathered} S(i)>0, i=1,2,\cdots,m, j=1,2,\cdots,n \\ k(j) \in \{1,2,\cdots,L(j)\} \end{gathered} \tag{9-12}$$

式中，$P[j, k(j)]$——第 j 个污染源采用第 $k(j)$ 个技术措施的削减费用，单位为元 /a；

$A(i, j)$——第 j 个污染源对第 i 个控制点的影响系数；

$B[j, k(j)]$——第 j 个污染源采用第 $k(j)$ 个技术措施时的排放量，单位为 t/a；

$S(i)$——第 i 个控制点环境质量控制指标值，单位为 g/m^3；

$L(j)$——第 j 个污染源的方案数；

m——控制点的个数；n 表示污染源的个数；

$k(j)$——第 j 个污染源采纳的方案号。

从上述离散规划数学模型可以发现，求解离散规划的最优解的关键是如何

确定 $k(j)$，也即污染源被优化的削减方案号。同时，为了求解离散规划对模型数据有如下约定：同一污染源其排放量与削减费用是一一对应的反序映射关系，也就是说，排放量从小到大排列，而削减费用从大到小排列。

2. 区域环境容量资源利用最大化模型

区域环境容量资源利用问题可以归结为：如何在满足现有污染源格局（数量和相对位置）不变、各污染源的排放量在一定范围之内以及在特定气象和水文条件下进行污染物排放等约束条件下，尽可能有效地使用大气环境资源，在满足环境质量的条件下使得区域的污染物排放量最大。

在这个问题中，环境容量资源利用的目标是污染源排污量的最大化，约束条件是使各控制点满足环境目标值，且各污染源的排放量在一定范围之内。以单一污染物而言，选择各污染源的允许排放量 Q_i 为决策变量，目标函数为各污染源的允许排放量 Q_i 之和最大，约束条件确定为各污染源的允许排放量 Q_i 非负且受最大排放量限制。模型表述如下：

$$\max Q = \sum_{i=1}^{n} Q_i \tag{9-13}$$

$$\text{s. t} \sum_{i=1}^{m} f_{ji} Q_i + c_{0j} \leqslant c_{sj}, j = 1, 2, \cdots, m \tag{9-14}$$

$$0 \leqslant Q_i \leqslant D_i P_i, i = 1, 2, \cdots, n \tag{9-15}$$

式中，Q——所有污染源排放量的总和，单位为 g/s；

Q_i——第 i 个污染源的源强优化允许排放量，单位为 g/s；

D_i——第 i 个污染源的行政权重系数，$0 \leqslant D_i \leqslant 1$，特殊情况时 D_i 可以大于 1，一般取 1；

f_{ji}——第 i 个污染源对控制点 j 的传递函数，单位为 s/m^3；

c_{0j}——第 j 控制点的污染物本底浓度，单位为 g/m^3；

c_{sj}——第 j 控制点的环境质量标准值，单位为 g/m^3；

P_i——第 i 个污染源的上限排放量，单位为 g/s；

m——环境质量控制点个数；

n——污染源个数。

二、大气环境容量资源分配案例

（一）大气环境容量资源优化配置模型

以大气环境容量资源分配为例，为简便起见，把污染源划分成面源（网格源）、点源两种类型，选取 SQ_2 和 NO_x 两种污染物，其环境容量资源分配利用最大化模型可以表述为

$$\max Q=\sum_{i=1}^{n}Q_i \tag{9-16}$$

式（9-14）和式（9-15）的线性规划约束条件展开如下：

$$\begin{bmatrix} f_{11} & f_{12} & \cdots & f_{1j} & \cdots & f_{1n} \\ f_{21} & f_{22} & \cdots & f_{2j} & \cdots & f_{2n} \\ \vdots & \vdots & \vdots & \vdots & \vdots & \vdots \\ f_{i1} & f_{i2} & \cdots & f_{ij} & \cdots & f_{in} \\ \vdots & \vdots & \vdots & \vdots & \vdots & \vdots \\ f_{m1} & f_{m2} & \cdots & f_{mj} & \cdots & f_{mn} \end{bmatrix} \begin{bmatrix} Q_1 \\ Q_2 \\ \vdots \\ Q_i \\ \vdots \\ Q_n \end{bmatrix} + \begin{bmatrix} c_{01} \\ c_{02} \\ \vdots \\ c_{0j} \\ \vdots \\ c_{0m} \end{bmatrix} \leqslant \begin{bmatrix} c_{s1} \\ c_{s2} \\ \vdots \\ c_{sj} \\ \vdots \\ c_{sm} \end{bmatrix} \tag{9-17}$$

$$\begin{bmatrix} 0 \\ 0 \\ \vdots \\ 0 \\ \vdots \\ 0 \end{bmatrix} \leqslant \begin{bmatrix} Q_1 \\ Q_2 \\ \vdots \\ Q_i \\ \vdots \\ Q_n \end{bmatrix} \leqslant \begin{bmatrix} D_1 & & & & 0 \\ & D_2 & & & \\ & & \cdots & & \\ & & D_i & & \\ & & & \cdots & \\ 0 & & & & D_n \end{bmatrix} \times \begin{bmatrix} P_1 \\ P_2 \\ \vdots \\ P_i \\ \vdots \\ P_n \end{bmatrix} \tag{9-18}$$

式中的符号意义同前。

线性优化时，如不对各污染源的最大排放量加以限制，则将出现个别或少数几个污染源排放量离奇大、绝大部分污染源排放量都要削减到零的情况，这显然是不合理的。为此，需要对各污染源的最大允许排放量加以限制。笔者在总结全国大气环境容量计算经验基础上，对四种方案进行了比较分析，见表9-1。

表 9-1　四种方案对比

编号	上限方案	优点	缺点
A1	现状排放量	能够达到优化的目的	以超标削减为目的，没有考虑部分污染源可以增加
A2	排放标准允排量	能够达到优化、浓度控制的目的	部分污染源允许排放量太大，与A-P值法结果相差较大，没有达到P值控制的目的
A3	A-P值法计算的允排量	能够达到优化、P值控制的目的	少数污染源没有达到浓度控制的目的
A4（生态、环境部环境规划院推荐）	基础允排量（即排放标准计算的允排量与A-P值法计算的允排量中的较小者）	能够达到优化的目的，并使分配允排量的起点公平，也符合总量控制、P值控制和浓度控制三者相结合的污染控制方针	优化后，少数污染源企业需要削减到零排放，操作可行性有待管理部门配合和实际检验

本节采用美国芝加哥某系统公司研制的“交互式的线性和通用优化求解器”（Linear Interactive and General Optimizer，LINGO）软件，该软件是解线性规划模型、整数规划模型、二次规划模型的强有力的工具，并可以进行灵敏度分析。

（二）大气环境容量资源优化计算成果

本规划中，污染源个数为1 286个，其中点源824个、面源（网格源）462个，控制点50个，传递系数64 300个。采用上述模型，并综合运用ADMS-Urban大气扩散模型、APW基础模型，以2020年为基础年，计算得到某市区SO_2和NO_x污染物大气环境容量资源分配优化结果，如表9-2所示。

表 9-2　大气环境容量资源分配优化　　：t/a

污染物	现状排放量			环境容量资源最优分配方案		
	面源	点源	合计	面源	点源	合计
SO_2	9 062	93 225	102 287	12 981	89 134	102 115
NO_x	15 230	138 237	153 467	21 022	126 523	147 545

（三）大气环境容量资源分配结果校验

采用生态环境部环境规划院 A-P 值模型对该市区大气环境容量资源计算分配结果进行了校验，A-P 值计算结果见表 9-3。

表 9-3　A-P 值计算结果　t/a

污染物	现状排放量			环境容量资源最优分配方案		
	面源	点源	合计	面源	点源	合计
SO_2	9 062	93 225	102 287	29 700	89 100	118 800
NO_x	15 230	138 237	153 467	37 000	110 900	147 900

由表 9-2 与表 9-3 可知，两种方法得到的各类污染物环境容量资源分配结果基本一致，SO_2 和 NO_x 的相对偏差（以 A-P 值计算结果为基准）分别为 −14.0% 和 −0.2%，所出现的偏差符合环境容量计算方法之间的逻辑关系，即 A-P 值计算得出的结果比其他方法略微偏大。

三、结论和讨论

①分析了最优化方法在环境规划中的应用现状和发展趋势，尤其是线性规划方法是解决污染削减费用最小化和环境容量资源利用最大化问题的重要方法。

②提出了环境规划最优化问题比较常见的 4 种类型，归纳分析了环境规划最优化问题的 6 个特点，以及环境规划最优化问题中 7 种类型的约束条件。

③以区域污染削减费用最小化和区域环境容量资源利用最大化两种规划类型为背景，提出了相应的环境规划优化概念模型。

④提出了某市区大气环境容量资源分配模型，识别出相应的模型参数，运用 LINGO 软件计算了面源、点源两种污染源类型以及 SO_2 和 NO_x 两种污染物环境容量的最优分配结果。

⑤通过对上述优化计算结果与生态环境部环境规划院推荐的 *A-P* 值法计算结果进行比较，认为环境容量资源分配优化结果可靠可行。

⑥利用线性规划方法解决环境规划问题，主要困难是如何把非线性约束转化为线性约束。由于约束条件相对简化，出现环境容量资源分配优化结果偏大的现象。

第四节　线性规划在最优决策中的应用

人们在生产管理和经营活动中，会经常遇到两类问题：一类是（资源有限）如何合理地使用现有的劳动力、设备、资金等资源获得最大的效益；另一类是（目标一定）为了达到一定的目标，应如何组织生产，或合理安排工艺流程，或调整产品的成分等，以使所消耗的资源（人力、设备台时、资金、原材料等）为最少。这就是最优决策问题。如何解决这两类问题，线性规划给了我们一些方法，线性规划是运筹学的一个分支，它研究的是在线性约束条件下求解线性函数（目标函数）的最优解问题。

一、线性规划数学模型及求解方法

（一）数学模型

$$\max(\text{或 }\min) z = c_1x_1 + c_2x_2 + \cdots + c_nx_n$$

$$\text{s.t.}\begin{cases} a_{11}x_1 + a_{12}x_2 + \cdots + a_{1n}x_n \leqslant (\text{或 } =, \geqslant) b_1 \\ a_{21}x_1 + a_{22}x_2 + \cdots + a_{2n}x_n \leqslant (\text{或 } =, \geqslant) b_2 \\ \cdots\cdots \\ a_{m1}x_1 + a_{m2}x_2 + \cdots + a_{mn}x_n \leqslant (\text{或 } =, \geqslant) b_m \\ x_1, x_2, \cdots, x_n \geqslant 0 \end{cases}$$

式中，$\max(\text{或 }\min) z = c_1x_1 + c_2x_2 + \cdots + c_nx_n$ 为目标函数，不等式方程组为约束条件，$x_1, x_2, \cdots, x_n \geqslant 0$ 表示决策变量的非负约束。

（二）求解方法

能够求解线性规划模型的软件有很多，如 Mathematica，Matlab，Lindo，Maple 等，以下问题应用 Mathematica 求解。

Mathematica 是由美国沃尔夫勒姆（Wolfram）公司研制开发的，它是应用比较广泛、功能比较强大的一款软件，包含求解线性规划的函数，在平台中的使用规则是：Constrainedmin（或 Constrainedmax）[目标函数，{约束条件}，{变量集合}]。其中，Constrainedmin 求目标函数为 min 的线性规划问题，Constrainedmax 求目标函数为 max 的线性规划问题。

二、建立线性规划模型应用举例

例题 9-1（人员的合理安排问题）：某医院护士的值班班次、工作时间及各班所需护士数如表 9-4 所示。护士上班以后，需要连续工作 8 h。

问：该医院最少需护士多少名，才能满足轮班需要。

表 9-4　某医院护士及值班情况

班次	工作时间	所需护士数 / 人
1	6：00-10：00	60
2	10：00-14：00	70
3	14：00-18：00	60
4	18：00-22：00	50
5	22：00-2：00	20
6	2：00-6：00	30

分析：因护士上班后需连续工作 8 h，即第 1 班次开始上班的护士需要工作到 14：00，第 2 班次开始上班的护士需要工作到 18：00，……以此类推，第 6 班次开始上班的护士需要工作到第二天 10：00。满足这些约束条件后，目标函数是最少需要的护士数，就很容易列出线性规划模型。

解：设 x_i 表示第 i 班开始上班的护士人数，i=1，2，3，4，5，6，则建立模型如下：

$$\min Z = x_1 + x_2 + x_3 + x_4 + x_5 + x_6$$

$$\text{s. t.} \begin{cases} x_1 + x_2 \geqslant 70 \\ x_2 + x_3 \geqslant 60 \\ x_3 + x_4 \geqslant 50 \\ x_4 + x_5 \geqslant 20 \\ x_5 + x_6 \geqslant 30 \\ x_6 + x_1 \geqslant 60 \\ x_i \geqslant 0, i = 1,2,3,4,5,6, \text{且为整数} \end{cases}$$

应用 Mathematica 软件求解如下：

In[1]：$=\text{Constrainedmin}\left[x_1 + x_2 + x_3 + x_4 + x_5 + x_6,\ \{x_1 + x_2 \geqslant 70, x_2 + x_3 \geqslant 60, x_3 + x_4 \geqslant 50, x_4 + x_5 \geqslant 20, x_5 + x_6 \geqslant 30, x_6 + x_1 \geqslant 60\}\right], \{x_1, x_2, x_3, x_4, x_5, x_6\}\right]$

运行后得：

Out[1]= { 150, { x_1-> 60, x_2-> 10, x_3-> 50, x_4-> 0, x_5-> 20, x_6-> 10 ; }}

结果：第1～6班开始上班的护士分别为60人、10人、50人、0人、20人、10人，所以最少需要护士150名。

例题9-2：(投资决策问题) 某人有一笔300000元的资金，未来三年有以下投资项目：

(1) 三年内的每年年初均可投资，每年获利为投资额的20%，其本利可一起用于下一年投资。

(2) 只允许第一年年初投入，第二年年末可收回，本利合计为投资额的150%，但此类投资限额不超过15万元。

(3) 于三年内第二年年初允许投资，可于第三年年末收回，本利合计为投资额的160%，这类投资限额20万元。

(4) 于三年内的第三年年初允许投资，一年收回，可获利40%，投资限额10万元，试为该人确定一个使第三年年末本利和为最大的投资计划。

分析：本题为最大化最优决策问题，有4个可投资项目，即题中(1)至(4)，解此题的关键在于决策变量的设置。

解：设 x_{ij} 表示第三年年初投资到第三个项目的资金数，建立线性规划模型：

$$\max Z = 1.2x_{31} + 1.6x_{23} + 1.4x_{34}$$

$$\text{s. t.}\begin{cases} x_{11} + x_{12} = 300\,000 \\ x_{21} + x_{23} = 1.2x_{11} \\ x_{31} + x_{34} = 1.2x_{21} + 1.5x_{12} \\ x_{12} \leqslant 150\,000 \\ x_{23} \leqslant 200\,000 \\ x_{34} \leqslant 100\,000 \\ x_{ij} \geqslant 0, i = 1,2,3; j = 1,2,3,4 \end{cases}$$

应用 Mathematica 软件求解如下：

In[2]: =Constrainedmax[1.2x_{31}+1.6x_{23}+1.4x_{34}, {x_{11}+x_{12}=300000, x_{21}+x_{23}=1.2x_{11}, x_{31}+x_{34}=1. 2x_{21}+1.5x_{12}, x_{12} ≤ 150000, x_{23} ≤ 200000, x_{34} ≤ 100000}, {x_{11}, x_{12}, x_{21}, x_{23}, x_{31}, x_{34}}]

Out[2]= {580000, {x_{11}≥166667, x_{12}≥133333, x_{21}≥0, x_{23}≥200000, x_{31}≥100000, x_{34}≥100000}

得出的结果：

第一年年初投资到（1）和（2）两个项目的资金分别为 166 667 元和 133 333 元；

第二年年初投资到（1）和（3）两个项目的资金分别为 0 元和 20 万元；

第三年年初投资到（1）和（4）两个项目的资金分别为 10 万元和 10 万元；

第三年年末本利和最大为 58 万元。

参考文献

[1] 昌毅. 基于线性规划和通用发生函数的结构系统可靠性分析方法及应用[M]. 武汉：武汉理工大学出版社，2020.
[2] 王文秀，祝华远，孙鲁青，等. 实用运筹学[M]. 北京：航空工业出版社，2020.
[3] 姚君. 运筹学[M]. 哈尔滨：哈尔滨工业大学出版社，2020.
[4] 刘静. 运筹学[M]. 北京：北京邮电大学出版社，2020.
[5] 赵敬. 运筹学[M]. 北京：北京师范大学出版社，2012.
[6] 宋志华，周中良. 运筹学基础[M]. 西安：西安电子科技大学出版社，2020.
[7] 张丽，李程，邓世果. 高级运筹学[M]. 南京：南京大学出版社，2020.
[8] 殷志祥，王林. 运筹学教程[M]. 3版. 合肥：中国科学技术大学出版社，2020.
[9] 顾天鸿，王茁，张晓娟，等. 运筹学基础[M]. 北京：中国铁道出版社，2019.
[10] 常浩娟，吴琼，刘晓琳，等. 运筹学教程[M]. 天津：天津科学技术出版社，2019.
[11] 周愉峰，周继祥，方新. 物流运筹学[M]. 成都：西南交通大学出版社，2020.
[12] 寇玮华. 运筹学[M]. 2版. 成都：西南交通大学出版社，2019.
[13] 冯朝军，冯国锋，王彦玲. 运筹学[M]. 西安：西北工业大学出版社，2019.
[14] 王旭超. 运筹学[M]. 长春：吉林大学出版社，2019.
[15] 李志猛，刘进. 运筹学基础[M]. 北京：电子工业出版社，2019.

[16] 邢育红，于晋臣．实用运筹学［M］．2版．北京：中国水利水电出版社，2019．
[17] 宋荣兴，荆湘霞，李扶民．运筹学［M］．沈阳：东北财经大学出版社，2018．
[18] 李万涛，孙李红，丛瑞雪．运筹学［M］．北京：中国铁道出版社，2018．
[19] 段滋明，苗连英．运筹学［M］．2版．徐州：中国矿业大学出版社，2018．
[20] 刘蓉，熊海鸥，宋静，等．运筹学［M］．2版．北京：北京理工大学出版社，2018．
[21] 徐军委．管理运筹学教程［M］．北京：企业管理出版社，2018．
[22] 何大义．管理运筹学方法［M］．武汉：武汉大学出版社，2018．
[23] 刘强．优化之道：生活中的运筹学思维［M］．北京：中国铁道出版社，2018．
[24] 陈建华，刘艳萍．运筹学基础及应用［M］．成都：电子科技大学出版社，2018．
[25] 戴晓震，杨平宇，宋聪，等．应用运筹学［M］．北京：经济科学出版社，2018．
[26] 刘艳，赵微，唐莉．运筹学模型及算法剖析［M］．北京：北京理工大学出版社，2018．
[27] 徐厚生．运筹与控制基础理论研究及应用［M］．徐州：中国矿业大学出版社，2018．
[28] 许春善．线性规划［M］．成都：电子科技大学出版社，2015．
[29] 殷志宏，冯爱军，殷亚君．线性规划与对策论［M］．兰州：甘肃文化出版社，2014．
[30] 吕彬，郭全魁，陈磊．线性规划问题的新算法［M］．北京：国防工业出版社，2013．